针织服装 CAD 与应用

倪一忠　刘传强　主编

东华大学出版社

图书在版编目(CIP)数据

针织服装 CAD 与应用/ 倪一忠,刘传强主编. —上海：东华大学出版社,2008.10
ISBN 978-7-81111-479-9

Ⅰ. 针… Ⅱ. ①倪…②刘… Ⅲ. 针织物：服装—计算机辅助设计 Ⅳ. TS186.3

中国版本图书馆 CIP 数据核字(2008)第 150553 号

内容提要

本书主要介绍全成型或半成型针织服装的 CAD 设计，并列举了相应的设计实例。其中设计软件以 Richpeace(富怡)服装 CAD 为例；电脑横机 CAD 设计以 SHIMA SEIKI(岛精)花型设计系统 SDS—ONE 为例；全成型内衣 CAD 设计以 SANTONI(圣东尼)GRAPHIC 软件为例。

针织服装 CAD 与应用

倪一忠　刘传强　主编
东华大学出版社出版
上海市延安西路 1882 号
邮政编码：200051　电话：(021)62193056
新华书店上海发行所发行　上海崇明裕安印刷厂印刷
开本：787×1092　1/16　印张：11.75　字数：287 字
2008 年 11 月第 1 版　2008 年 11 月第 1 次印刷
印数：0001～3000
ISBN 978-7-81111-479-9/TS·095
定价：29.00 元

针织服装 CAD 与应用

前 言

近几年针织服装行业发展迅猛，产品种类繁多，CAD技术在针织服装工业的应用也推广得很快。随着针织服装CAD技术应用的深入，针织服装CAD软件的开发也细分为两大类，一类是裁剪类针织服装CAD软件，另一类是具有针织成衣特色的成型或半成型针织服装CAD软件。

本书介绍了成型或半成型针织服装的CAD设计，它主要分为三种，即通用型横机CAD设计、电脑横机CAD设计及无缝针织圆机CAD设计。书中把这三种针织服装CAD的各种功能分别融入到具体实例当中，使读者能直观看到用电脑设计针织服装的每一步骤，能较为轻松地学习掌握针织服装CAD设计。

本书可作为高职高专针织技术与针织服装专业用教材，也可作为针织服装CAD短期培训教材或自学读本、中等职业学校针织专业教学资料，还可供企业针织服装CAD设计人员进行参考。

本书由倪一忠、刘传强主编。第一章、第二章由倪一忠、刘传强编写，第三章由倪一忠、戴雪燕编写，第四章由徐建兴、戴雪燕编写，第五章由沈杰、赖秋劲编写，第六章由郑军羊、倪一忠编写。

本书在编写过程中得到了东华大学、富怡软件有限公司、香港中大实业有限公司、岛精荣荣(上海)贸易有限公司和众多相关企业的大力支持与帮助，在此表示衷心的感谢。由于编写人员水平有限，难免存在许多不足之处，敬请读者批评指正。

编者
2008.8

针织服装 CAD 与应用

目 录

第一章 针织服装与 CAD/CAM

第一节 针织服装计算机辅助设计系统 CAD
一、全成型或半成型针织服装 CAD 设计 …… 1
二、裁剪类针织服装 CAD 设计 …… 7

第二节 服装计算机辅助生产系统(CAM)
一、全成型或半成型针织服装 CAM 系统 …… 11
二、裁剪类针织服装 CAM 系统 …… 11

第三节 针织物基础知识
一、针织物的形成 …… 13
二、针织物的主要物理机械指标 …… 14
三、针织物的组织结构 …… 15
四、一些新型针织原料 …… 20
五、纱线及织物结构对针织效果的影响 …… 21

第二章 通用型横机 CAD 设计系统

第一节 通用型横机 CAD 设计基础
一、图艺 CAD 设计工作界面及设计工具 …… 23
二、工艺设计 CAD 工作界面及设计工具 …… 42

第二节 针织面料 CAD 设计应用
一、基本组织设计 …… 44
二、常见花色组织设计 …… 47
三、夹花纱设计 …… 51
四、针织模拟效果 …… 51

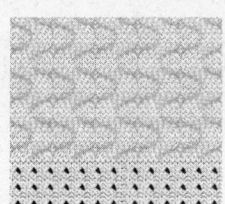

第三章　针织服装款式 CAD 设计应用

第一节　针织服装款式图设计　52
　　一、作图前提　52
　　二、基本款式图制作　52
　　三、增加平面款式图内的元素　53

第二节　针织服装效果图设计　54
　　一、位图作图模式　54
　　二、矢量作图模式　55

第三节　图艺 CAD 设计实例及工具使用技巧　57
　　一、针织服装设计中的异料镶拼设计　57
　　二、CAD 设计异料镶拼针织服装　57
　　三、针织服装设计中的装饰设计　59
　　四、CAD 设计印花针织服装　59

第四节　针织服装立体贴图设计　61
　　一、新建物件　62
　　二、添加网格　63
　　三、贴图　66

第四章　针织毛衫工艺 CAD 设计

第一节　设计工艺单　68
　　一、生成工艺单　68
　　二、调整工艺单　71
　　三、推码工艺　74
　　四、工艺单设置　76
　　五、间色工艺　77

第二节　工艺 CAD 设计实例　79

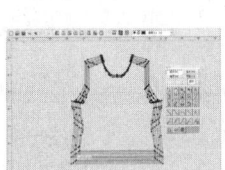

第五章　电脑横机 CAD 设计

第一节　电脑横机基础知识　87
　　一、横机编织基础　87
　　二、电脑横机新技术　90

第二节　岛精花型设计系统 SDS-ONE 主要功能　　95
　一、新建操作程序　　95
　二、制作spaint花样　　96
　三、线描绘操作程序　　97
　四、填色操作程序　　98
　五、指定范围操作程序　　99
　六、删除操作程序　　101
　七、拷贝操作程序　　103
　八、补充说明　　108
　九、移动操作程序　　110
　十、插入/删除操作程序　　112
　十一、基本小图填入操作程序　　116
　十二、改变颜色操作程序　　119
　十三、附加功能线操作程序　　121
　十四、自动纱嘴停放点操作程序　　123
　十五、文件操作程序　　125
第三节　电脑横机花型CAD设计实例　　127
　一、设计要求　　127
　二、SDS-ONE设计过程　　128

第六章　无缝针织圆机 CAD设计

第一节　SANTONI（圣东尼）设备　　132
第二节　SANTONI（圣东尼）CAD 系统主要功能　　136
　一、花型图案设计　　136
　二、程序编制　　148
第三节　SANTONI（圣东尼）CAD 设计实例　　168
　一、设计要求　　168
　二、花型设计　　169
　三、程序编制　　171
　四、使用NEW WinDOW工具　　174
　五、将此程序输入机器就可进行一色添纱平角裤编织　　175

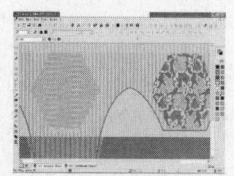

第一章 针织服装与 CAD/CAM

CAD(计算机辅助设计)和 CAM(计算机辅助生产)系统在服装行业的应用始于 20 世纪 70 年代初。最初主要是用于排料、显示衣片的排列和裁剪规律。CAD/CAM 系统发展到今天,服装 CAD 能实现服装的款式设计、结构设计、推档排料、工艺设计等一系列设计的计算机化;而 CAM 则用于生产过程,用于控制生产设备或生产系统,如制板、放码、排料、裁剪和编织。由于使用 CAD/CAM 系统可以加快新产品的开发速度,提高产品的质量,降低生产成本,使用户在设计、生产以及对市场的快速反应能力方面有很大的提高,所以 CAD/CAM 系统的应用推广很快,它是企业提高自身素质、增强创新能力和市场竞争力的有效工具。目前,国内外许多服装生产商、设计机构都引进了 CAD/CAM 系统。

近几年针织服装行业发展迅猛,产品种类繁多,在服装中的比例已经接近机织服装。因此 CAD/CAM 技术在针织服装工业也得到了广泛应用。

本章将就针织服装中的 CAD/CAM 系统作一简介。针织服装主要有裁剪类产品(常见的有 T 恤、运动装等)和全成型或半成型产品(常见的有毛衫、无缝内衣等)。目前针对这两大类针织服装都有相应的 CAD 设计系统。

第一节 针织服装计算机辅助设计系统(CAD)

一、全成型或半成型针织服装 CAD 设计

这类针织服装具有独特的成型方法,就是把纱线通过针织设备直接加工成服装或者衣片,主要的生产设备是针织横机和全成型针织圆机。这类针织服装的 CAD 设计系统主要有横机 CAD 设计系统和无缝针织圆机 CAD 设计系统。

(一)通用型横机 CAD 设计系统

该类由软件公司开发的 CAD 系统可以辅助手动或半自动横机的产品设计,操作方便灵活、实用性强,不受横机设备种类的限制。一般主要包含两个领域:图艺设计和工艺设计。

1. 图艺设计

(1)面料设计

①纱线设计(见图 1-1-1):可以模拟单根毛纱中不同颜色纱线的比例配置,形成夹花纱。

图 1-1-1 夹花纱

②组织结构设计(如图 1-1-2)：将各种针织组织结构的模拟外观效果图在屏幕上表现，还能设置织物密度(纵密和横密)以及针织模拟参数设置(包括织物的亮度、色度、磨砂效果及混纱颗粒)，最终用于生成织物成品的仿真效果图。

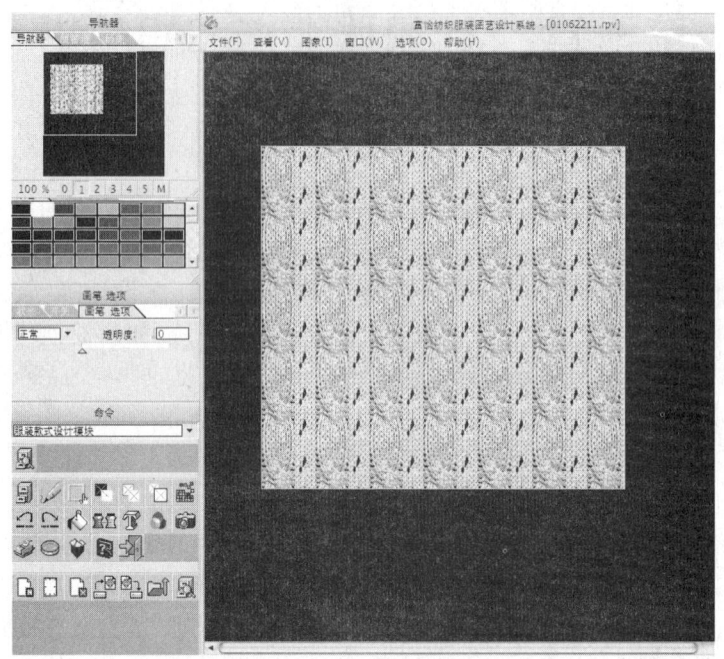

(彩)图 1-1-2　织物结构模拟

(2)服装设计

①服装款式图设计(如图 1-1-3)，可以利用软件提供的平面款式素材库中的服装各部件快速设计出服装款式图，也可以利用数化笔、板、鼠标等作图工具独立设计。

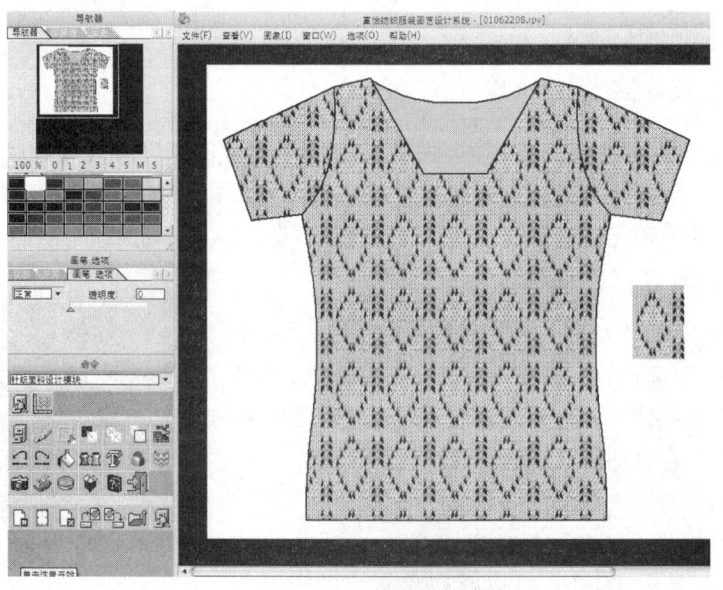

图 1-1-3　款式图

②服装效果图设计(见图1-1-4)可利用各种作图工具和图形处理工具,在人体上进行服装创意设计。

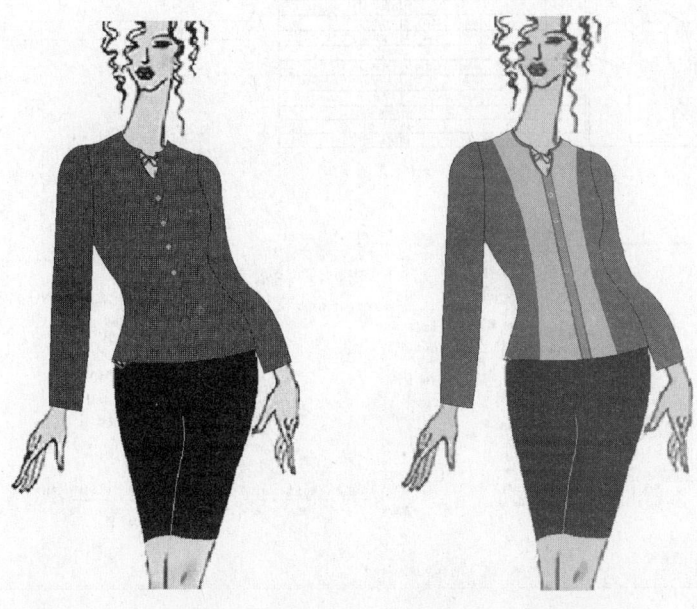

图 1-1-4　效果图

③三维立体贴图(见图1-1-5)提供了一个将二维面料转换成三维服装的途径。可以表现同一款式、不同面料的服装外观效果;在照片上立体展示,节省大量生产试衣时间;并可在样品生产出来之前,采用立体贴图向客户展示设计作品。

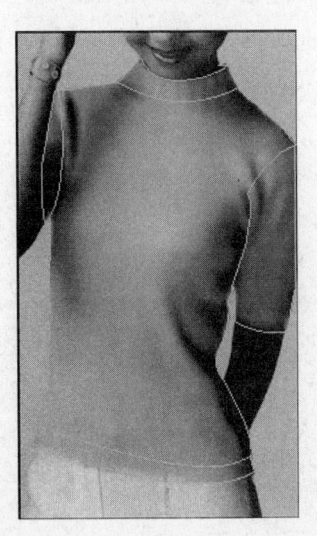 

(彩)图 1-1-5　立体贴图

2. 工艺设计

(1)制作上机工艺单:根据要求填入数据,工艺数据对话框包括项目明细、款式特征、部位设置、款式尺寸数据库及公式几大部分组成。按照工艺要求,使用者只需要简单的操作就可轻松完成工艺设计(见图1-1-6)。

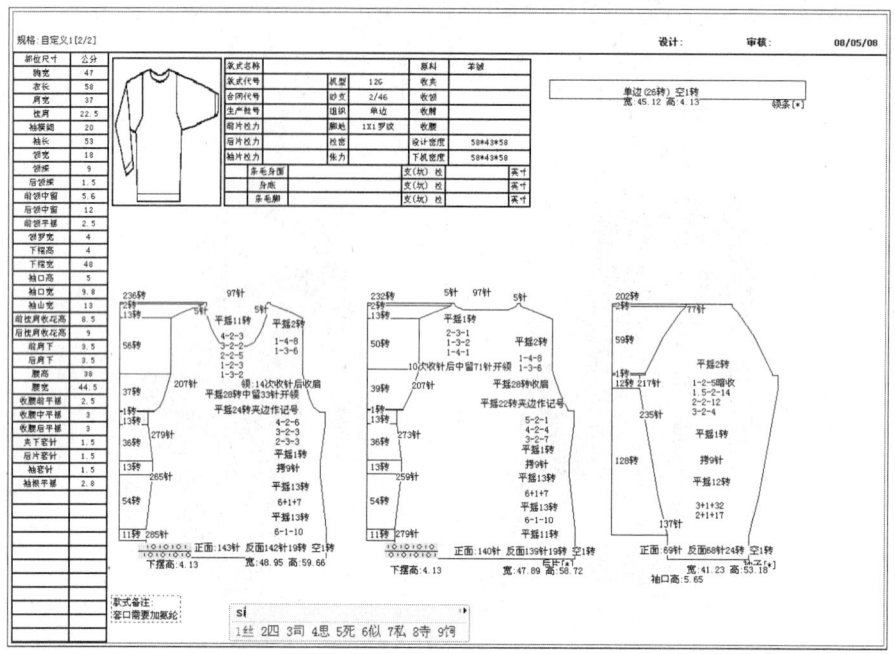

图 1-1-6　上机工艺单

(2)调整工艺单：若计算机设计出的工艺单不尽合理，系统提供了调整方法，可以快速修改工艺单，如图 1-1-7 所示。

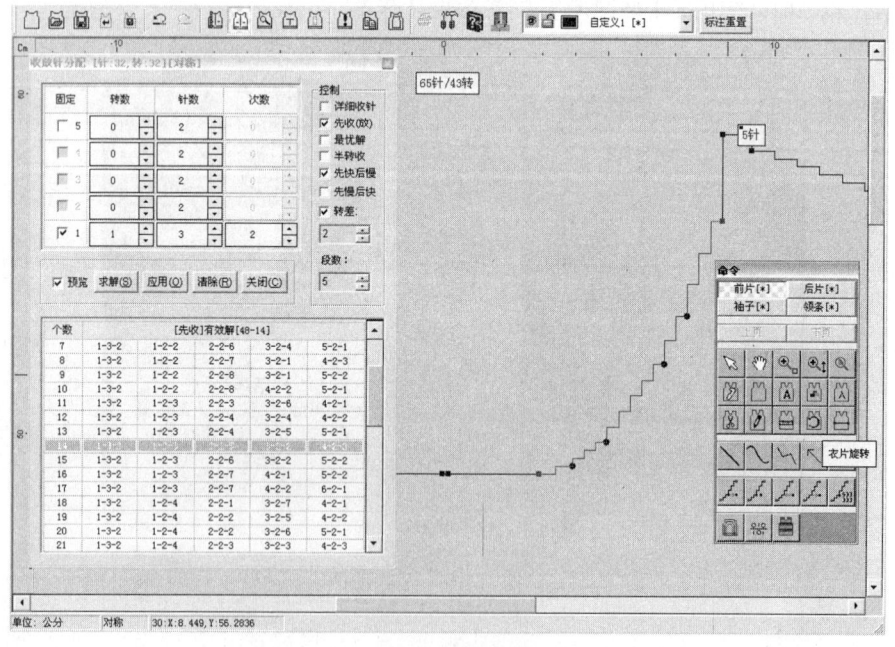

图 1-1-7　工艺单调整

(3)推码设计：可在款式尺寸数据库输入档差，在生成工艺单后进行自动放码，如图 1-1-8 所示。

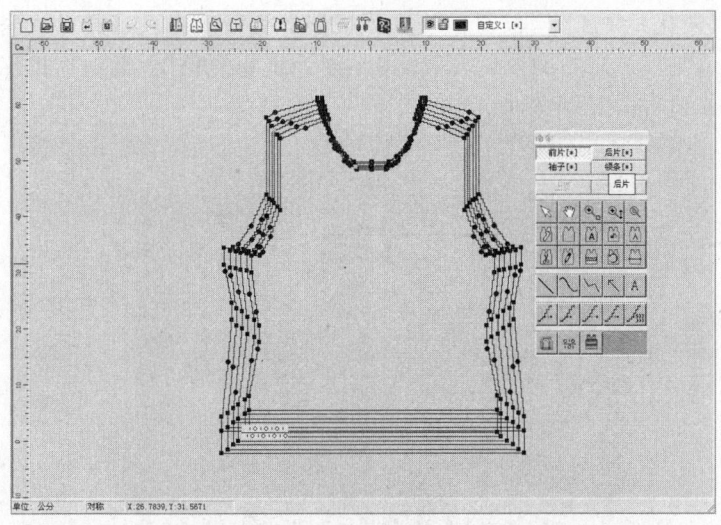

图 1-1-8 推码

(二)电脑横机 CAD 设计系统

目前大量使用的针织毛衫花型 CAD 准备系统基本上是各电脑横机生产厂商为自己的横机推出的配套产品。这类软件为更清晰、有效和经济的花型设计和编织过程提供了创新的软件工具。常用的有 STOLL(斯托尔)电脑横机和 SHIMA SEIKI(岛精)电脑横机自带的 CAD 设计系统,STOLL 的 M1 系统见图 1-1-9、岛精的 SDS-ONE 系统见图 1-1-10,它们分别只能在各自品牌的横机上使用,功能强大。从花型软件到机器交流到快速地错误纠正,软

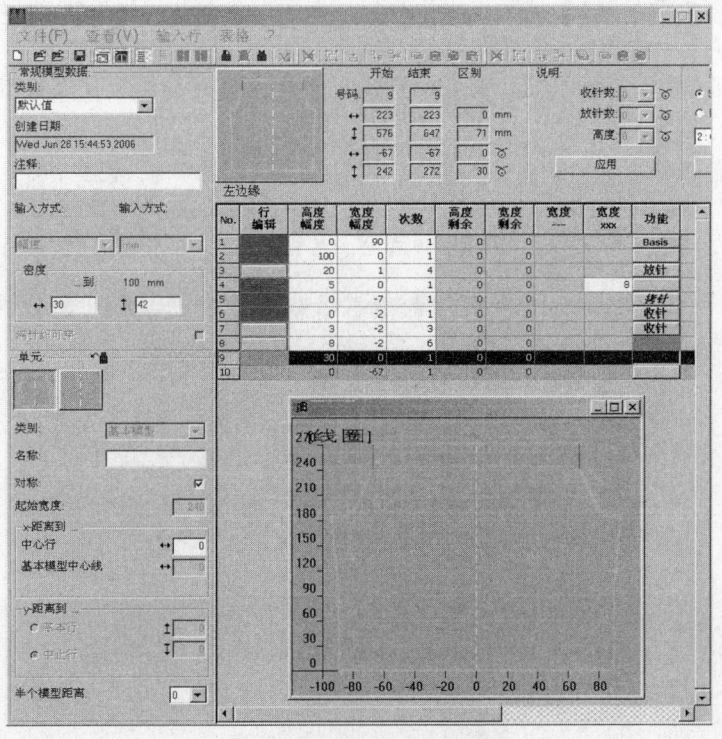

图 1-1-9 STOLL 系统界面

件工具不仅极大简化日常工作,也明显改进了机器的运行效果。这类设计系统一般称为花型准备系统,是电脑横机必备的软件,其作用是设计织物的花型、组织横机工作的各类控制信号、生成电脑横机可读数据文件。

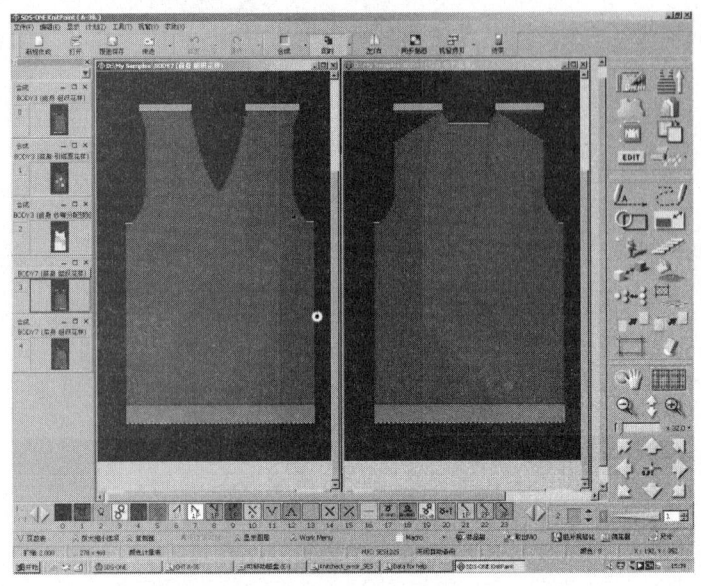

图1-1-10　岛精系统界面

(三)无缝针织圆机的CAD设计系统

无缝针织圆机的CAD设计系统主要是设计服装的花型和组织结构,是由设备生产商提供的配套产品,具有针对性。系统首先通过设备专用的CAD软件设计款式、织物花型和组织结构,然后通过编码器翻译成设备可识别的操作指令进行编织。这类设计系统一般包含花型设计与程序编制两个部分。

1. 花型设计工作界面如图1-1-11所示,主要设计产品的款式、花型、大小及组织结构等。

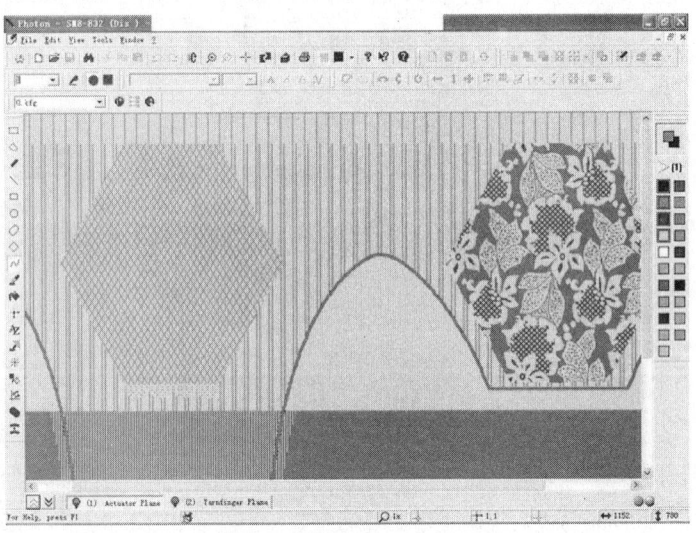

(彩)图1-1-11　花型设计

2. 程序编制

工作界面如图 1-1-12 所示,可制定机器编织指令,如机器转速、升降哈夫盘、哈夫针进出、牵拉吸风大小、喂纱嘴换纱动作等指令。

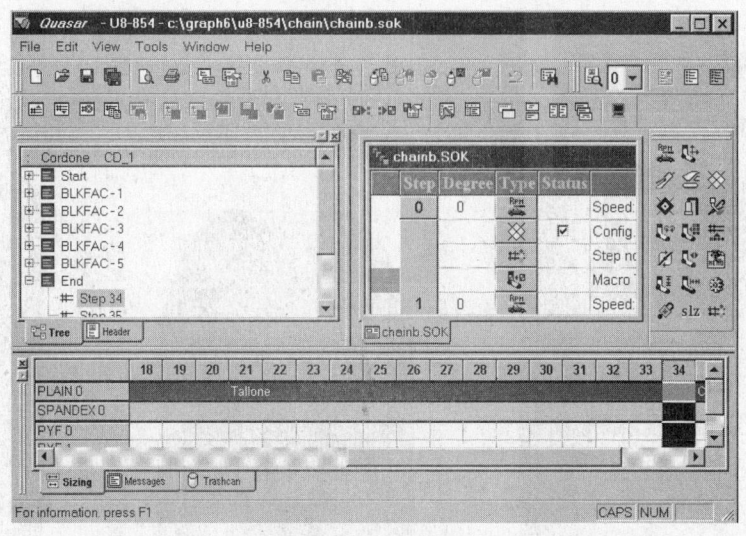

图 1-1-12　程序编制

二、裁剪类针织服装 CAD 设计

这类服装使用的 CAD 系统和机织服装的 CAD 系统一样,主要包括两大部分,即图艺设计与辅助生产。

（一）图艺 CAD 设计

1. 面料设计主要是色彩图案设计（见图 1-1-13）,利用 CAD 系统可以设计面料中不同颜

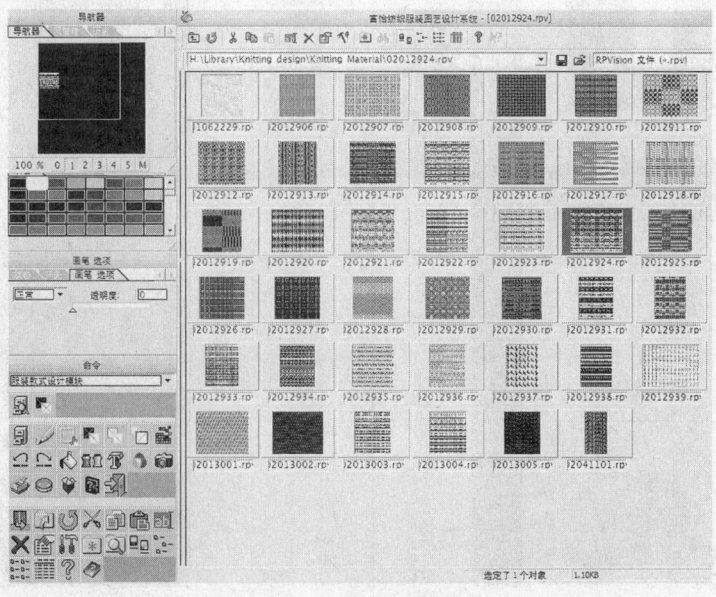

（彩）图 1-1-13　图艺设计

色纱线的配置所形成的各种图案,而且还能通过各种各样的图像编辑工具,对图案的配色进行处理,形成多种外观效果。因此不必在机器上织出样布就能评价设计的好坏。

2.服装设计

(1)服装款式图设计(见图1-1-14)

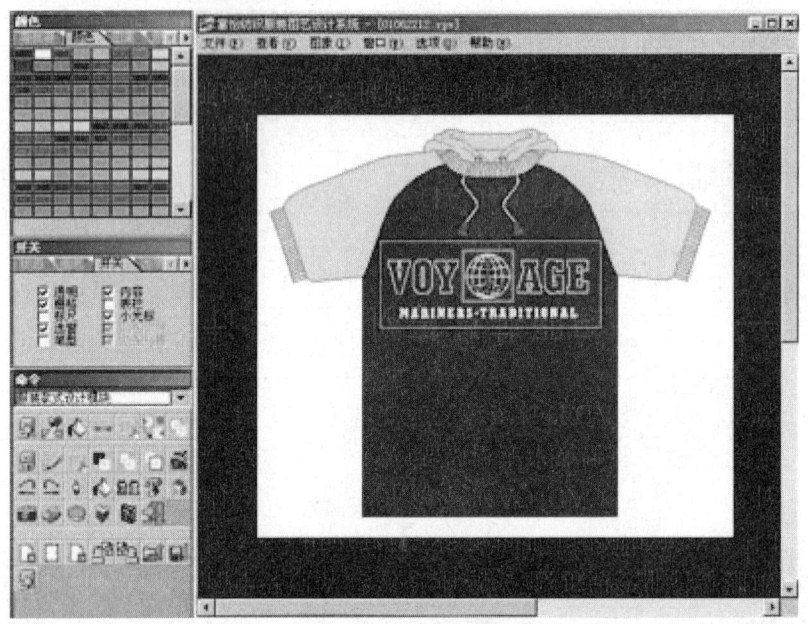

图 1-1-14　款式图

(2)服装效果图设计(见图1-1-15)

图 1-1-15　效果图

（3）三维立体贴图（见图1-1-16）

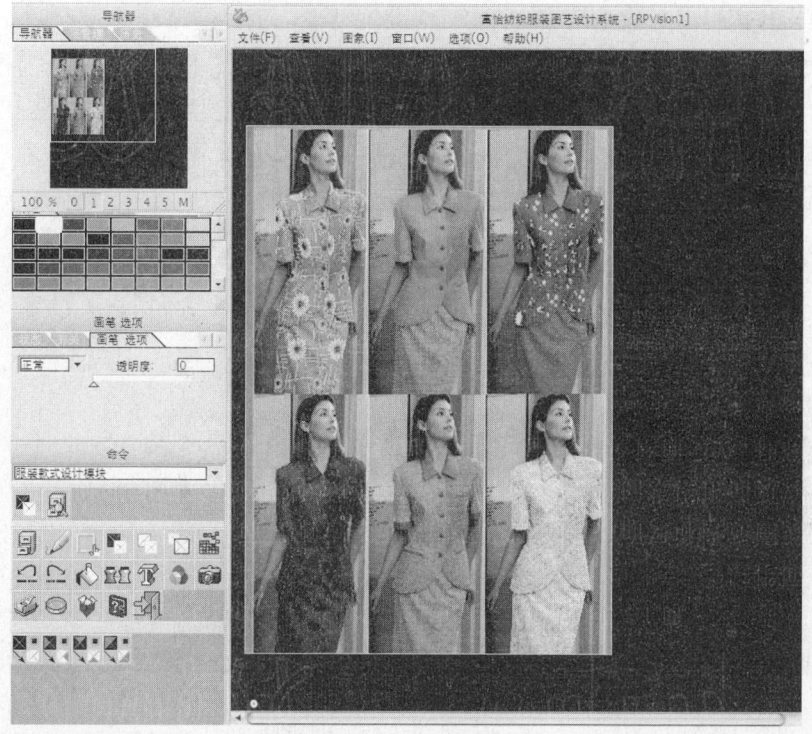

图1-1-16　立体贴图

（二）辅助生产CAD设计

1. 版型设计（见图1-1-17）　可以方便、快捷地利用制图工具制作服装样板。

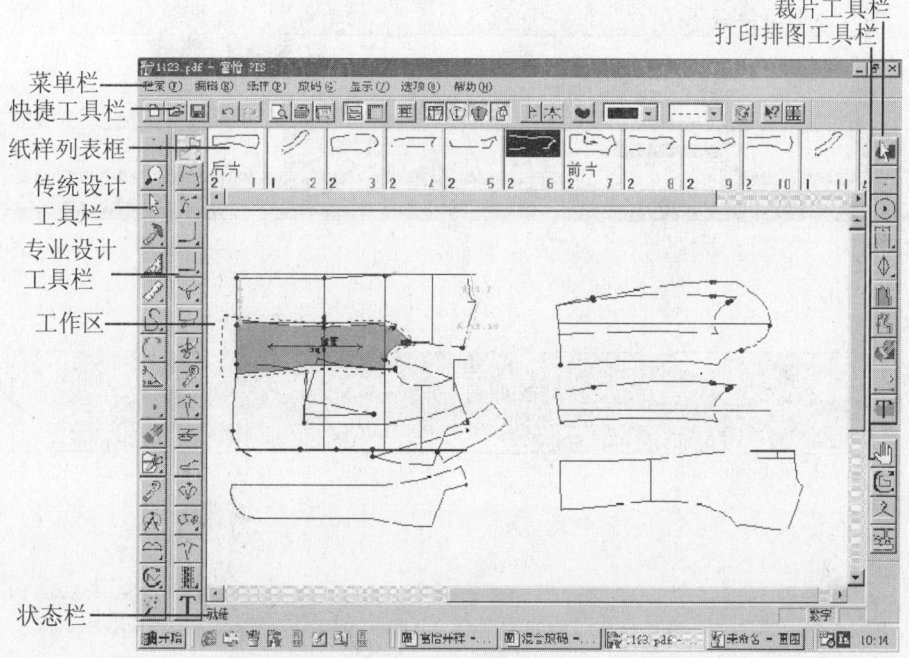

图1-1-17　版型设计

2. 放码(见图 1-1-18) 利用不同的放码规则快速、精确地放码,并可以反复修改,以确保每一号型样片都可以正确地缝合。

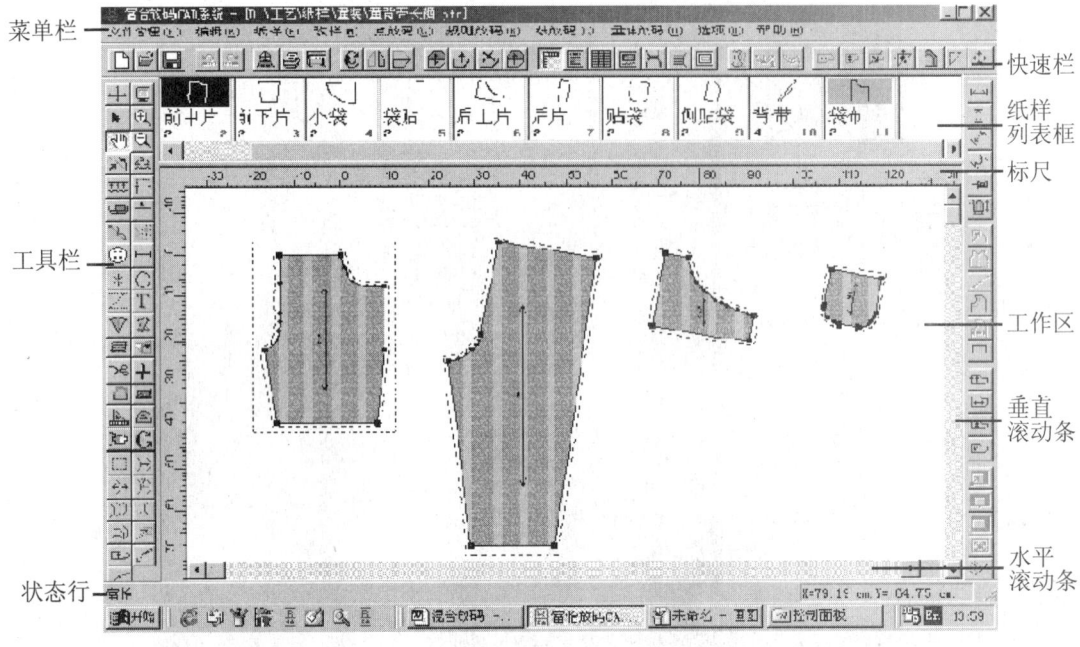

图 1-1-18 放码

3. 排料(见图 1-1-19) 排料关系到生产成本,使用 CAD 系统最大的好处就是随时可以监测面料的用量。

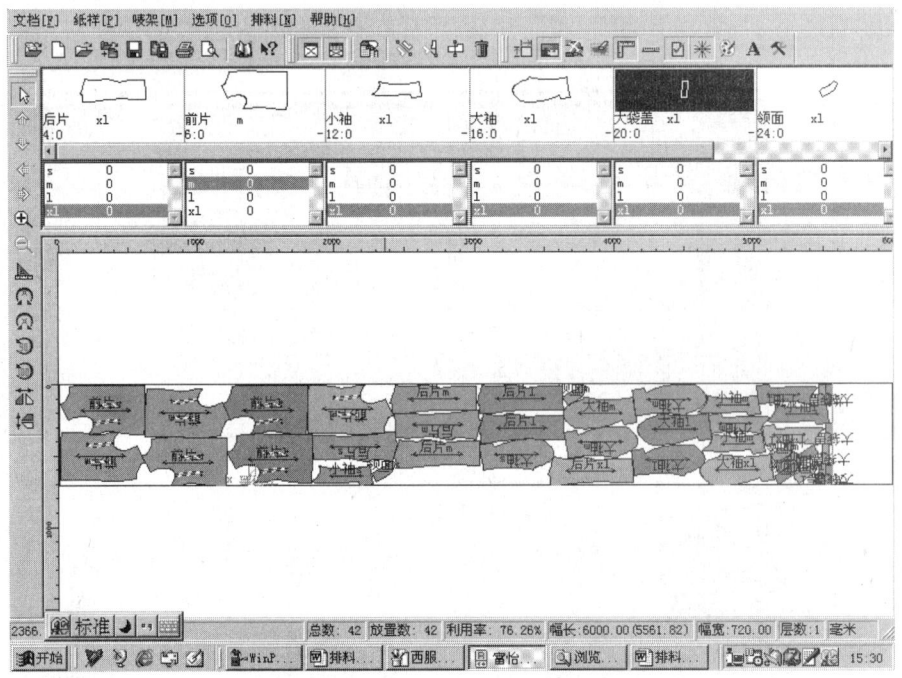

图 1-1-19 排料

第二节　服装计算机辅助生产系统(CAM)

服装 CAM 设备主要功能是利用服装 CAD 系统的衣片设计的数字化信息直接与自动生产制造系统联机作业,制成 NC(数字控制)加工指令,控制自动生产制造系统。

一、全成型或半成型针织服装 CAM 系统

将计算机上的设计转化为产品,需要通过 CAM 技术来连接针织设备。将所需的操作指令存储在软盘上,或者通过局域网输入到针织设备上进行生产。全电脑针织横机(见图 1-2-1)和无缝针织圆机(见图 1-2-2)是自动化生产针织服装的主要机种,具有多种自动控制装置,在编织过程中各装置根据程序要求变换工作状态。每种全电脑横机和无缝针织圆机都配有计算机辅助花型装备系统,它不仅可用来设计针织花型与织物结构,也可用来生成针织程序输入到机器的电脑控制箱中,从而控制整个编织过程。

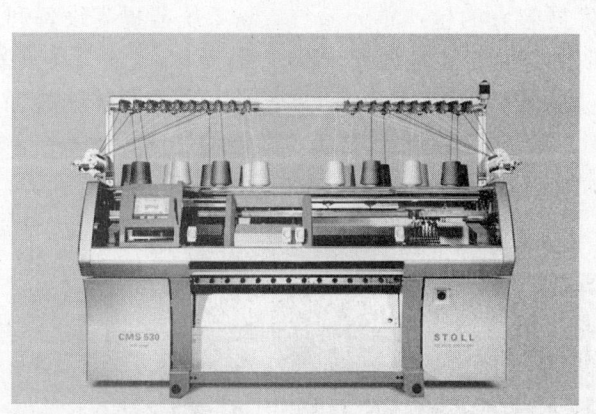

图 1-2-1　全电脑针织横机

图 1-2-2　无缝针织圆机

二、裁剪类针织服装 CAM 系统

这类针织服装 CAM 系统主要包括:宽幅面绘图仪、衣片裁剪 CAM 系统、服装吊挂 CAM 系统。

宽幅面绘图仪如图 1-2-3 所示,用针织服装 CAD 设计好的纸样、放码图和排料图通过数据接口传输到绘图仪上,然后可以按 1∶1 大小打印出来,大大提高了生产效率。

 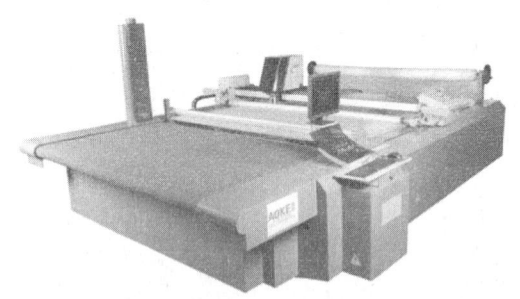

图 1-2-3　绘图仪　　　　　　　　　图 1-2-4　裁剪

衣片裁剪 CAM 系统如图 1-2-4 所示,把服装排料的结果通过存储设备或直接通过电缆线传送给裁床。利用裁床裁剪时,排料图通常都要铺在布料上,用以标识每一块衣片,只是裁剪过程是自动完成而不是手工裁剪。

服装吊挂 CAM 系统如图 1-2-5 所示,它是在数控机械、机器人、自动化仓库、自动输送等自动化设备和计算机技术项目之上发展起来的生产单元系统。该系统能提高设备利用率,缩短加工辅助时间,提高生产效率,减少半成品占地面积,保证产品质量,是适合高效率、多品种、小批量生产的系统。按人机作业方式,服装吊挂 CAM 系统由吊挂衣片传输装置与计算机控制缝纫机械组成。它与机械加工系统的不同在于计算机控制的连续程度不同。机械加工系统可以做到全自动,而服装由于缝纫机位的人工化,在自动化流程上是断续的,所以服装吊挂 CAM 系统需人工参与。

图 1-2-5　服装吊挂系统

对于一些先进的 CAD 系统,不仅在 CAD 内部各个模块之间具有很强的连贯性,比如在打版设计方面的任何变动都会自动地在各个号型版型中体现出来,同时也将反映在排料图中。而且与 CAM 系统也是紧密结合在一起的,是设计师和生产人员之间相互交流信息的工具。

第三节 针织物基础知识

针织物分服用、装饰用、产业用三大类。针织服装是其中很重要的一类。针织服装在20世纪50年代初以内衣为主;外衣面料以横机织物为主;到60年代中期,化学纤维工业的迅速发展以及针织技术水平和针织机械性能的不断提高,为发展针织服装奠定了基础;从80年代初开始,针织服装的品种、质量和生产数量得到高速发展,在家用、休闲、运动服装方面具有独特优势。由于针织工艺和染整后处理技术不断进步以及原料应用多样化,现代针织面料更加丰富多彩,并步入多功能及高档化的发展阶段。从外观看,有的薄如蝉翼,有的形似毛呢裘皮,有的弹力超群舒而不展,有的软中带爽柔挺并蓄;从风格看,有的轻如罗纱悬而不飘,有的厚而不重轻暖舒适,有的光彩夺目绚丽多姿。针织面料与服装的设计开发在服装的生产和发展中已占有重要的位置并有着广阔的发展前景。

一、针织物的形成

针织是利用织针将纱线弯曲成圈,并相互串套连接而形成织物的工艺过程。根据编织方法不同,针织可分为三大类:纬编、经编与经纬编复合。

纬编:用一根或多根纱线沿着布面的横向(纬向)顺序成圈。

经编:用多根纱线同时沿着布面的纵向(经向)顺序成圈。

经纬编复合:在编织过程中备有两组纱线,一组按经编方式垫纱,另一组按纬编方式垫纱,织针将这两组纱线复合在一起形成织物。

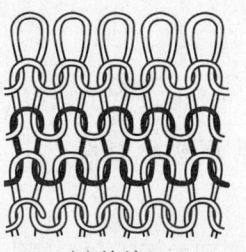 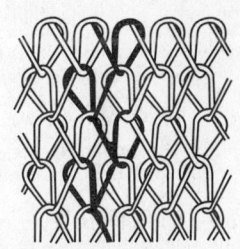

(a)纬编　　　　　　　(b)经编

图 1-3-1　针织线圈结构

(一)纬编

针织物的结构单位是线圈。在纬编针织物中,每个线圈由圈干和沉降弧两个部分组成,圈干由直线段的圈柱和弧线段的针编弧组成,如图 1-3-2 所示。

图中,$\overline{12}$、$\overline{45}$ 圈柱,$\overparen{234}$ 针编弧,$\overparen{567}$ 为沉降弧。两个相邻线圈的横向对应点之间的距离 A 叫做"圈距",在针织物中两个相邻线圈的纵向对应点之间的距离 B 叫做"圈高"。

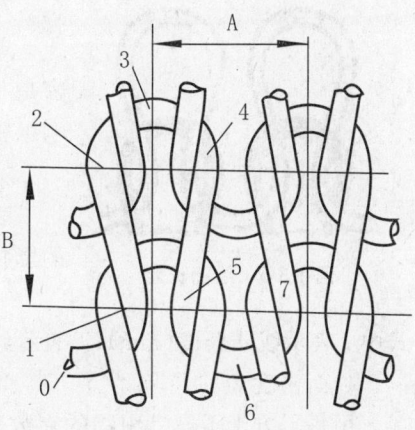

图 1-3-2　圈柱与针编弧

（二）经编

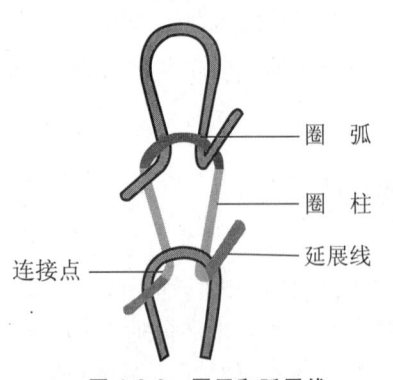

图 1-3-3　圈干和延展线

在经编针织物中，一个完整的线圈由圈干和延展线组成，圈干由圈弧和圈柱组成，如图 1-3-3 所示。经编线圈通常有两种形式：开口线圈 A 和闭口线圈 B，见图 1-3-4。在开口线圈中，线圈基部的延展线互不交叉，而在闭口线圈中，线圈基部的延展线相互交叉。

针织物外观有正面和反面之分。其中圈柱覆盖在圈弧之上的为针织物的正面，反之为反面。针织物根据编制时采用的针床数可分为单面针织物和双面针织物两类。单面针织物采用一个针床编织而成，其特征是织物的一面全部为正面线圈，而另一面全部为反面线圈，织物的两面有着明显不同的外观；双面针织物采用两个针床编织而成，其特征是织物的任何一面都显示有正面线圈。

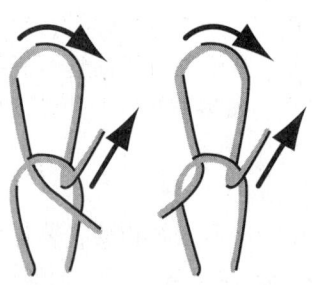　　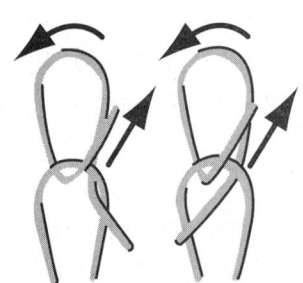

A　开口线圈　　　　　　　　B　闭口线圈

图 1-3-4　开口和闭口线圈

二、针织物的主要物理机械指标

1. 线圈长度 l

针织物的线圈长度由线圈的圈干和延展线组成。如图 1-3-5 所示，点 1 与点 2 之间的纱线长度就是线圈长度。

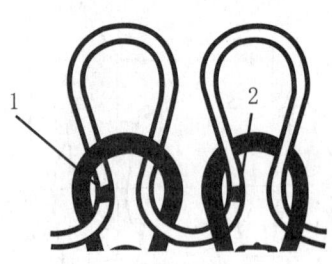

图 1-3-5　线圈长度

2. 密度

单位长度内的线圈数。横密是 50mm 内的线圈纵行数；纵密是 50mm 内的线圈横列数。影响横密的主要因素是机号；影响纵密的主要因素是送纱速度或弯纱深度。

3. 未充满系数 δ

表示针织物在相同密度条件下，纱线细度对其稀密程度的影响。

$$\delta = l/f$$

式中 l 表示线圈长度（mm）；f 表示纱线直径（mm）。

4. 面密度 Q

用每平方米干燥针织物的克数来表示（g/m^2）。

5. 厚度

一般以织物厚度方向上有几根纱线直径来表示。

6. 脱散性

指针织物的纱线断裂或线圈失去串套联系后，线圈与线圈分离的现象。分为个别线圈脱散和整列脱散。

7. 卷边性

指某些针织物在自由状态下布边发生翻卷的现象。罗纹织物中，1+1、2+2罗纹不卷边，2+1、2+3罗纹卷边。

8. 延伸度

即织物受到外力的作用后，向纵向或横向伸长的特性。有单向和双向延伸度两种。

9. 弹性

指引起针织物变形的外力去除后，针织物形状回复的能力。

10. 断裂强力与断裂伸长率

针织物在连续增加的负荷作用下，至断裂时所能承受的最大负荷为断裂强力。布样断裂时的伸长与原长之比，称为针织物断裂伸长率。

11. 缩率 Y

织物在加工或使用过程中长度和宽度的变化。

$$Y=(H_1-H_2)/H_1\times100\%$$

式中 H_1 表示织物原有长（宽）度；H_2 表示使用后长（宽）度。

12. 钩丝与起毛起球

影响因素有：①原料的性质和种类；②纱线与织物结构；③染整加工的工艺；④成品的服用条件。为改善织物的抗起毛起球与钩丝性，传统采用树脂整理，现在大多用改变纱线结构的方法，如以棉包涤替换涤棉混纺纱。

三、针织物的组织结构

针织物的组织结构可以分为：原组织、变化组织、花色组织。原组织是所有针织物组织的基础，如纬平组织、罗纹组织、双反面组织、编链组织、经平组织等；变化组织是原组织的复合，如双罗纹组织、变化经平组织等；原组织和变化组织又称基本组织。花色组织则是上述组织的衍生结构，它具有显著的花色效应。

（一）纬编基本组织

1. 纬平组织

纬平组织是最简单的纬编组织，由连续单元线圈串套构成。正面圈柱暴露呈纵向条纹，平坦有光，背面圈弧暴露较为阴暗，见图1-3-6。

一般纬平组织的横向延伸性大于纵向两倍。织物易于脱散，也易于卷边，适用于汗布、袜子、手套等产品。

2. 罗纹组织

罗纹组织由正面线圈纵行和反面线圈纵行以一定比例相间配置而成。正反面均呈现纬平组织的正

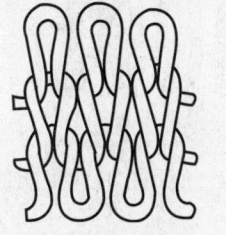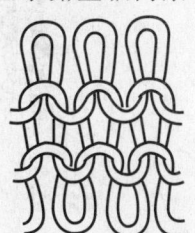

图1-3-6　纬平

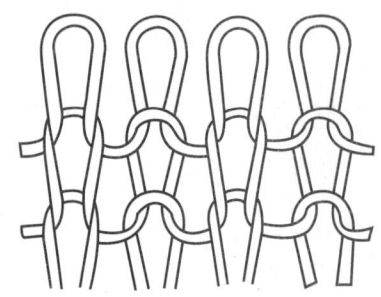

面结构,所以又称为"双面组织"(双正面组织)。与纬平组织比较,这种组织不易卷边和脱散,而且横向弹性好,多用于针织衣物的袖口和袜口,见图1-3-7。

3. 双罗纹组织

双罗纹组织是最常见的双面纬编变化组织。由两个罗纹组织复合,即在一个罗纹纵行之间配以另一罗纹纵行。双罗纹组织不易脱散,质地厚实,多用于冬季的内衣或外衣面料,见图1-3-8。

图1-3-7 罗纹

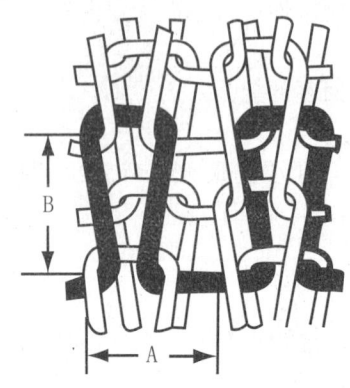

图1-3-8 双罗纹

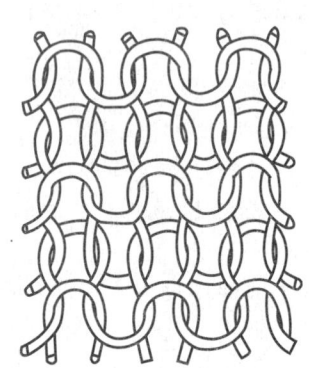

图1-3-9 双反面

4. 双反面组织

由正面线圈横列和反面线圈横列以不同比例交互配置而成。其正反面均体现为纬平组织的反面。双反面组织纵向线圈倾斜靠近。其纵向延伸性强,与横向近似。当正反面线圈横列数目相等时,双反面组织不易卷边,但易脱散,如图1-3-9所示。

(二)纬编常见花色组织

1. 集圈组织:在针织物的某些线圈上除有一个封闭的线圈外,还有一个或几个未封闭的悬弧,而形成的针织物组织,见图1-3-10。

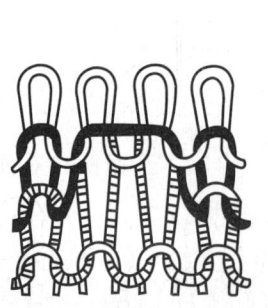
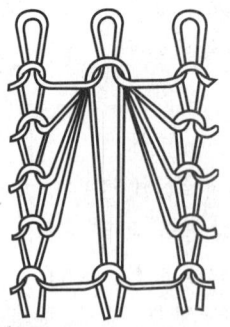
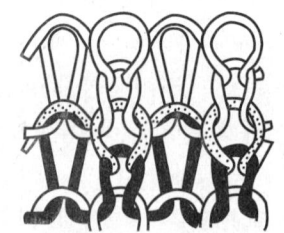

图1-3-10 集圈　　　　　　　　　　图1-3-11 半畦编

2. 半畦编组织:正面的单列集圈线圈纵行与反面的平针线圈纵行,一隔一配置而成的双面集圈组织,见图1-3-11。

3. 畦编组织：正反面全部线圈纵行都由单列集圈线圈纵行一隔一交替排列而形成的双面集圈组织，见图1-3-12。

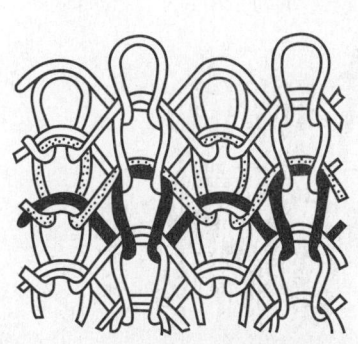

图1-3-12 畦编

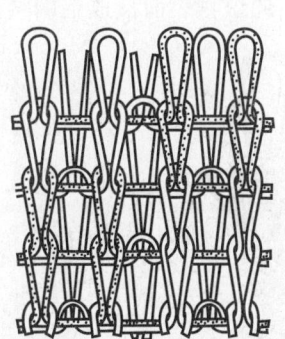

图1-3-13 胖花

4. 胖花组织：按花纹要求在双面纬编的组织上，进行单面编织，使线圈凸起，形成具有凹凸花纹效应的针织物组织，见图1-3-13。

5. 添纱组织：由地纱和添纱形成全部线圈或部分线圈的花色针织物组织，见图1-3-14。

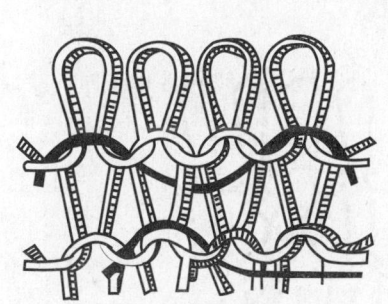

图1-3-14 添纱

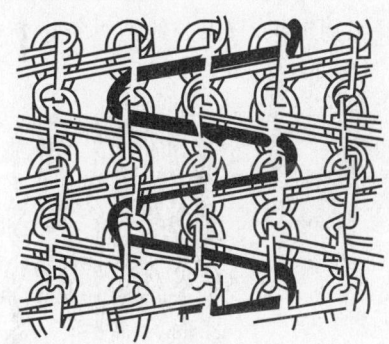

图1-3-15 衬纬

6. 衬纬组织：在线圈圈干之间或在圈干与延展线之间，周期地在纬向垫入一根或几根不成圈纱线的花色组织，见图1-3-15。

7. 衬垫组织：一根或几根纱线按一定比例在织物的一些线圈上形成不封闭的圆弧，而在其余线圈呈浮线停留在织物反面的一种花色组织，见图1-3-16。

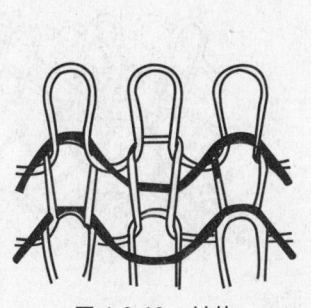

图1-3-16 衬垫

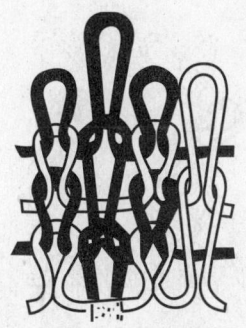

图1-3-17 提花

8. 提花组织:将纱线垫放在按花纹要求所选择的工作针上进行编织成圈的花色组织。旧线圈只在纱线成圈时才从针上脱下。在纱线不成圈处,以浮线状留于织物反面或两层纱层之中,见图1-3-17。

9. 毛圈组织:由附加纱线在针织物表面形成毛圈结构的花色组织,见图1-3-18。

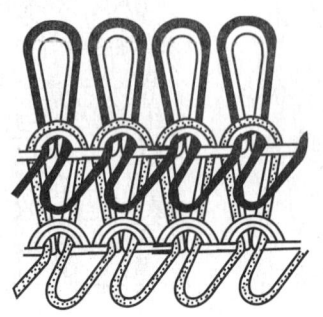 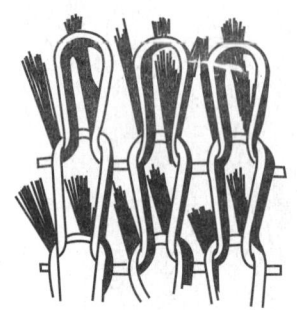

图 1-3-18　毛圈　　　　　　　　图 1-3-19　长毛绒

10. 长毛绒组织:用附加纤维或纱线与地纱一起编织而形成具有绒毛突出于表面的花色组织,见图1-3-19。

11. 移圈组织(纱罗组织):在原组织的基础上,按照花纹要求将某些线圈进行移圈形成的针织物组织,移圈处线圈纵行中断,外观呈现孔眼效应,或线圈相互移圈,外观呈现扭曲效应,见图1-3-20。

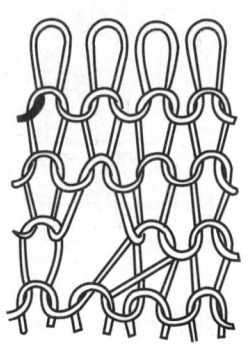

图 1-3-20　移圈

12. 波纹组织:在横机编织的双面纬编组织上,通过移动针床,形成倾斜线圈,并呈波纹状分布的花色组织,见图1-3-21。

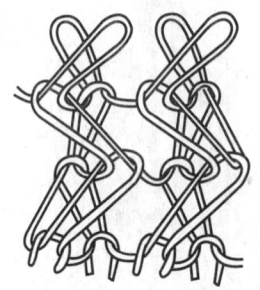 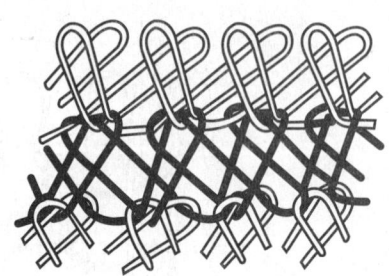

图 1-3-21　波纹

(三)经编基本组织

1. 编链组织:经纱始终在一枚针上垫纱成圈形成的经编组织,见图1-3-22。
2. 经平组织:它是由一根经向喂入的纱线轮流在相邻的两纵行中形成线圈而成。这种组织的纵横方向均有一定程度的延伸性,也不卷边。但纱线断裂时,如对织物施加横向张力,则沿纵向脱散而使织物破开。经平组织可制衬衣料,见图1-3-23。

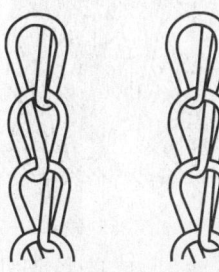

图1-3-22 编链

图1-3-23 经平

3. 经缎组织:它是由一根纱线轮流在几个相邻纵行中依次形成线圈,依次反复,使正面表现出横向花纹的组织。这种组织易于卷边,也能逆编织方向脱散,但织物不会破开,见图1-3-24。

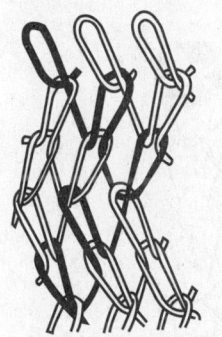

图1-3-24 经缎

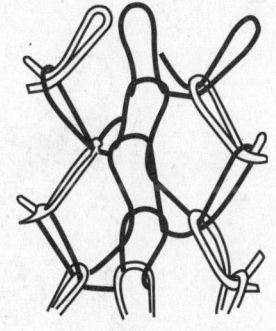

图1-3-25 重经

4. 重经组织:每根经纱在同一横列中形成相邻两个线圈的经编组织,见图1-3-25。

(四)经编常见花色组织

1. 经平绒组织:后梳编织经平组织,前梳编织经绒组织所形成的双梳经编组织,见图1-3-26。

图1-3-26 经平绒

2. 经绒平组织:后梳编织经绒组织,前梳编织经平组织所形成的双梳经编组织,见图 1-3-27。

图 1-3-27 经绒平　　　　　图 1-3-28 缺垫

3. 缺垫(经编)组织:某些梳栉有规律地垫纱和不垫纱,形成的经编花色组织,见图 1-3-28。

4. 压纱(经编)组织:在经编线圈的圈干下部绕有衬垫纱线并使针织物表面形成凹凸效应的花色组织,见图 1-3-29。

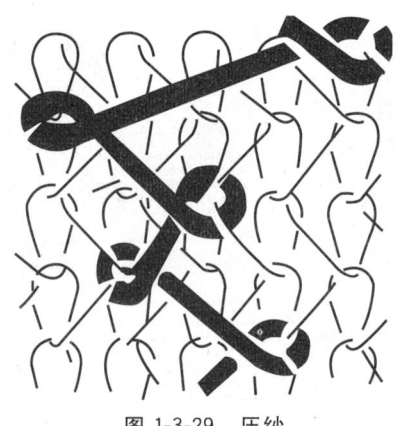

图 1-3-29 压纱

四、一些新型针织原料

针织原料除了传统的棉、毛、麻、丝及化学纤维外,还有复合纤维、差别化纤维、新功能纤维已大量在针织上应用,开发出许多新型面料。目前针织常用的新型纤维主要有:

1. 醋酸纤维(Acetel)　醋酸纤维具有真丝一样的独特性能,纤维光泽及颜色鲜艳,悬垂性及手感优良。用其生产的针织面料手感滑爽、穿着舒适、吸湿透气、质地轻、回潮率低、不易起球、抗静电。采用醋酸纤维编织的针织乔其纱、玉米花等面料,得到消费者的偏爱。

2. 莫代尔(Modal)纤维　该纤维是一种新型环保性纤维,它集棉的舒适性、粘胶的悬垂性、涤纶的强度、真丝的手感于一体,且经过多次洗涤以后,仍可保持其柔软和光亮的色泽。针织工艺将纤维与针织结构本身柔软蓬松、高弹舒适等特点相结合,使两者的优越性能相得益彰。在针织圆纬机(大圆机)上,采用莫代尔和氨纶裸丝交织的单、双面针织面料,柔软滑爽、富有弹性、悬垂飘然、光泽艳丽、吸湿透气,并具有丝绸般的手感。

3. Coolmax 纤维　具有四沟槽的 Coolmax 纤维能将人体活动时所产生的汗水迅速排至服装表层蒸发,保持肌肤清爽,令活动倍感舒适。它有着良好的导湿性,与棉纤维交织的针织面料具有良好的导湿效果,广泛地用来缝制 T 恤衫、运动装等。

4. 再生绿色纤维　如"TENCEL"纤维是由英国 Courtaulds 公司研制的一种学名为 Lyocell 的新型纤维素纤维,是一种由木浆通过溶剂纺丝方法萃取出的介于人造丝与天然纤维间的环保新纤维,溶剂不含毒,对人体及生态环境不构成污染,被誉为"绿色纤维"。该纤维具有纤维素纤维的舒适性、耐洗性,其湿模量、强度和刚度也很高。用该纤维形成的织物具有天然纤维织品的柔软、舒适,而且拥有"TENCEL"独有的悬垂性、吸湿性和较好的染色性及光泽。

5. "TACTEL"纤维　它是美国杜邦公司开发的新一代锦纶 66 长丝,它具有许多优于常规锦纶的特性,如手感柔软光滑,光泽优雅,悬垂性、覆盖性、染色性好,易洗免烫等,并已用此种纤维开发出一系列有特殊性能的针织面料,如 Tactel aquator 是独特的双面织物,穿着时可迅速吸取皮肤上的汗水,更加舒适透气;Tactel diabolo 突出的特点是优异的光泽和悬垂感等。

除合成纤维以外,天然纤维还有彩色棉、凉爽毛等等,都可以开发出新型针织面料。对新型纤维资源的开发应用已成为丰富针织面料花色品种的重要竞争手段之一。

五、纱线及织物结构对针织效果的影响

1. 纱线结构

纱线是一种半制品,其性能可以影响面料的质感、风格。细柔风格的面料要选用低线密度精梳纱;要求有"透"风格的面料就要选细旦真丝、人造丝或合纤等;相反高线密度纱多用于表现粗犷厚重的面料。所以可通过改变纱线的结构、性能、花色,或通过混合、复合以及各种不同的加工方法生产出的变形纱和花式线都能直接影响并决定织物的性能、质量和风格,获得无穷的花色品种。如日本东洋公司的一种涤棉三层复合纱,以极细的聚酯纤维为纱芯,以涤/棉混纺纱为中间层,纯棉纱为外包纱,形成三层结构。这种纱具有优越的排汗作用,而且轻薄、舒适,是极好的休闲装和针织运动装面料。采用金丝和银丝原料与其他纺织原料交织,使面料的表面具有强烈的反光闪色效应,或采用镀金方法,在针织面料上出现各种图案的闪光效应,而面料的反面平整、柔软舒适,是比较高档的针织服装面料。用这种针织面料设计的紧身女时装及晚礼服,会通过闪光面料耀眼、浪漫的风格,展示出针织面料光彩照人、华贵亮丽的韵味。可见从纱线着手,在艺术创作的基础上融入科技意识,将形象思维与逻辑思维结合,将艺术与科技结合,对针织面料进行设计开发也是一条十分重要的途径。

2. 织物结构

纤维的类型、纱线的结构、纱线的线密度可以影响面料的质感、风格,织物结构则直接影响服装面料的肌理(指材料质地表面的纹理效果)。组织结构的变化会引起织物性能的变化,利用织物的组织结构开发新产品,要求打破常规,采取特殊的手法。例如在双面机上可以开发花色棉毛织物、棉毛空气层组织、仿细条灯芯绒组织、仿法兰绒组织、粗细双面组织、双面交织组织、双面集圈波纹组织等;在经编机上也可以开发仿毛呢产品、各种各样的绒类织物、弹性织物和多梳产品。即在利用原料的同时合理设计编织工艺,变化坯布组织结构,

再结合各种色彩变化可得到丰富多彩的不同性能和花色的面料,是开发新品种的重要环节。

　　针织服装的形成方式主要有两种:一种方式是用针织面料制作;另一种方式是用针织方法直接编织成服装。针织面料的开发创新能直接推动针织服装的发展,此外针织与梭织相比最大的优势是能够进行成型编织,过去针织成型服装大多应用在毛衫领域,一年仅有一两个季节穿用。现在随着人们追求自由、体现个性的时尚以及新材料的不断出现,加之成型服装的品种变化手段繁多(纱线、织物花型、色彩、服装款式的改变等),以及无缝针织机、全成型电脑横机等先进编织设备的广泛使用,都赋予了成型服装极强的时代感和生命力,又由于成型服装在款式、色彩、原料上流行变化快,成型服装基本可作四季时装穿用。在国际市场上,针织成型服装也是针织外衣中经久不衰、成交额最大、附加值最高的品种。

第二章 通用型横机 CAD 设计系统

第一节 通用型横机 CAD 设计基础

一、图艺 CAD 设计工作界面及设计工具

（一）图艺 CAD 设计工作界面（见图 2-1-1）

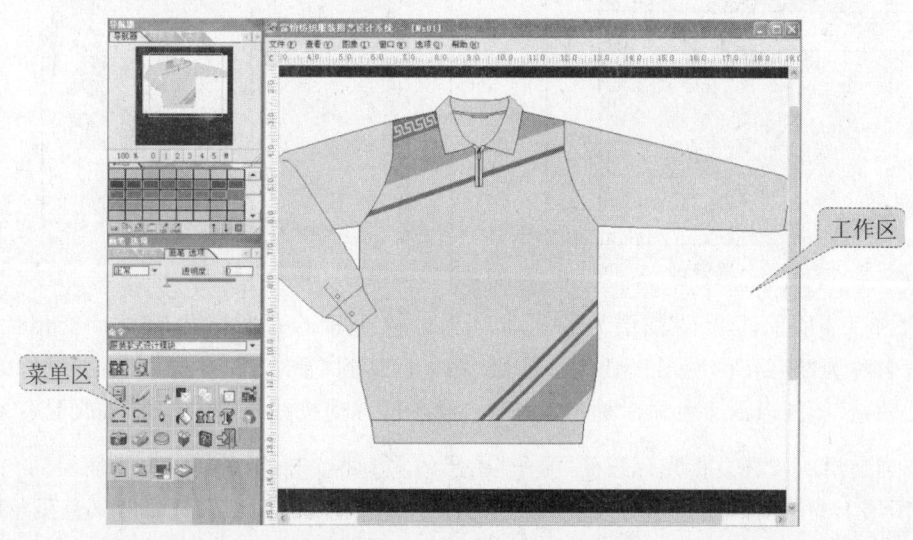

（彩）图 2-1-1 图艺 CAD 工作界面

富怡毛衫 CAD 系统由菜单区和工作区两大主区域组成。而菜单区又有：导航、层管理、历史、颜色、图案、画笔、状态、开关、选项及命令几大区域。以下简要介绍菜单区几大区域的主要作用。

1. 导航器（图 2-1-2）

（1）在导航面板中，除了导航比例号"0"以外，其他比例号显示的都是整个绘图工作区的一部分。导航区中有一个黄色的矩形框称之为导航器。在导航器内的部分是当前绘图工作区窗口所显示的部分，拖动导航器，屏幕显示的内容也相应改变。把光标定在导航器内，可按动键盘上的箭头键做局部取景，也可将光标移到导航器内点按左键进行取景。

（2）导航比例号是将绘图工作区窗口按比例缩放显

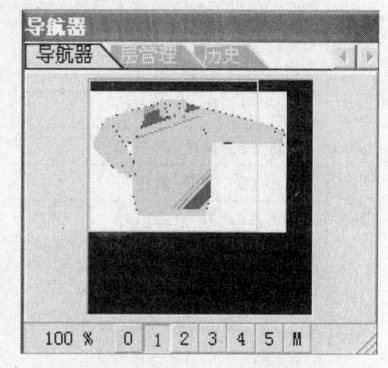

图 2-1-2 导航器

示。在导航比例号栏上,注明了显示的放缩比例百分数,当前比例号显示为下嵌字号、颜色由黑色变为蓝色,它表示窗口显示目前所处的放缩数值。

放大/缩小步骤如下:

a.按所需的比例号(包括按钮"M"处下拉列表中的选项)。

b.移动光标到绘图工作区,在光标下面出现一个绿色的虚线四方形。

c.把绿色的虚线四方形定位在要放大/缩小的区域上,并用鼠标左键单击。

2.层管理(图2-1-3)

将图层想象为醋酸纸,其中一张堆放在其余纸张顶上。如果图层上没有图像,您可以看到底下的图层。在所有图层之后是背景层,每个图像都在独立的图层上。文档中的所有图层都具有相同的分辨率、相同的命令组及相同的模块。

图2-1-3 层管理

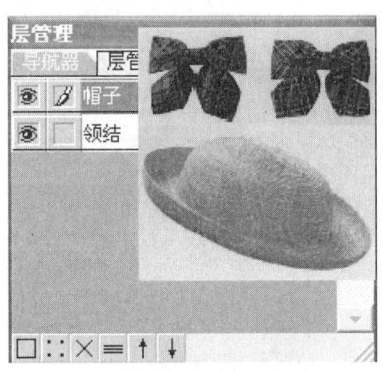
图2-1-4 帽子图层

如图2-1-4所示,"帽子"图层为最上面一层,以 显示的为当前层,层之间能相互切换。如:要把名称为"领结"的图层设置为当前层,将光标移到"领结"图层的白色处,鼠标的左键单击。"领结"图层以深蓝色显示为当前图层,再通过移动按钮将"领结"图层放置在最上一层,完成当前层的设置。将光标移到"帽子"图层的 处点击,则关闭"帽子"图层。

在图层上的透明区域让您可以看到底下的图层,单透明的区域只针对背景色黑色而言。

3.历史

历史面板主要记录了从打开软件后所操作的所有工具在什么时间段用了何种工具(图2-1-5)。

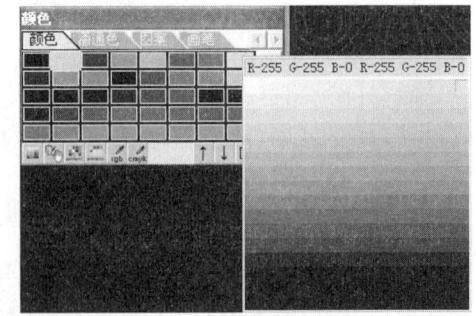

图2-1-5 历史面板   图2-1-6 颜色面板

4.颜色

颜色面板内共有256种颜色,按0~255编号在颜色框排序,每行8个色框,点击所需色框此色将显示其色组的渐变颜色,使用者可随心所欲地调整所需的颜色(图 2-1-6)。

而潘通色则记录了国际流行纺织颜色。

5. 图案

图案面板提供的图案大小为≤(100×100)像素。

在图案面板中,用鼠标左键单击选取图案,被选中图案以红色矩形框表示,此时在选中图案上按住鼠标左键,然后拖移至绘图区以应用,见图 2-1-7。

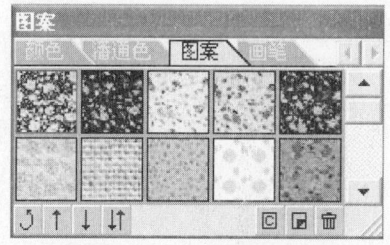

图 2-1-7　图案面板

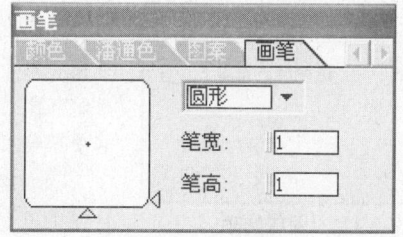

图 2-1-8　画笔面板

6. 画笔

在画笔面板中可对画笔形状、画笔大小进行选择与更改,更改后的画笔出现在画笔面板视窗中,可直观地看到改变后画笔的大小及形状。

如图 2-1-8 所示,当前选取的为方形画笔,大小为(1×1)像素,并在画笔视窗中可看到画笔的大小与形状。

(1)若要选择圆形笔,将光标移至其后的下拉列表框处。点击"▼",出现下拉列表框,点击"圆形",当前的笔型换为圆形。

(2)设置笔的大小有两种方法:

①在画笔面板左边,通过拖动"△"来设置笔的大小。三角箭头向左为设置笔型的高度,三角箭头向上为设置笔型的宽度。

②也可直接在笔宽与笔高的文字框内设置数值。

画笔形状的大小最大可达(32×32)像素。通过对画笔数值的不同设置,可以产生多种形状的笔型。

7. 状态

矩形框内的 RGB 数值,是显示当前画笔所选取的 RGB 的数值,并在该处的左边显示画笔的颜色、宽度与高度。在状态面板的右上方处的 RGB 值是显示当前光标所在的 RGB 值,X: 0308 Y: 0361 是显示当前光标的位置,宽:0228 高:0132 是显示窗口的宽度与高度,见图 2-1-9。

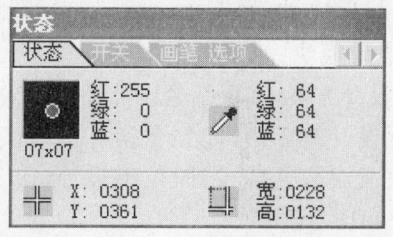

图 2-1-9　状态面板

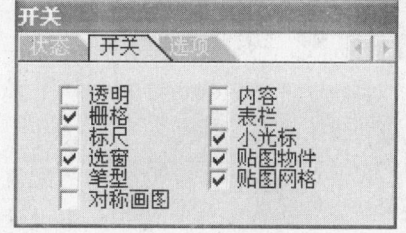

图 2-1-10　开关面板

8. 开关

在开关面板中有透明、栅格、标尺、选窗、笔型、内容、表栏、小光标、贴图物件、贴图网格多个选项。若要打开其中某一项，只需将光标移到某项前的复选窗上，点击左键，选项前出现"√"符号，表示该项被选用，见图 2-1-10。

注：

①在开关面板中选择透明选项，将图像放置到文档中时，所有带有背景颜色（黑色：R:0,G:0,B:0）产生透明的效果。

②在对图像进行复制、图像循环、换色或移动等操作时，为了能够使各项命令的操作达到最佳的效果，可以打开内容选项，能清楚显示其所处的状态。若计算机内存较低，最好关闭内容选项以免影响处理速度。

③选择小光标，在绘图区内显示小光标；若不选取，出现在绘图区内是一个大的十字光标，在服装设计过程中能提高其精确度。

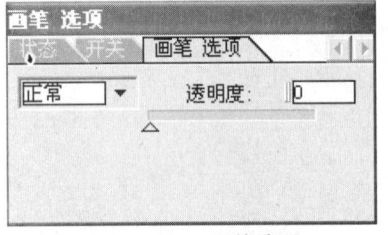

图 2-1-11　画笔选项

9. 选项

大多数工具有一个选项面板。根据所选工具的不同，外观和可用的选择有所不同。

选项面板中的一些设置对每种工具是公用的（比如画笔工具和透明度），而有些设置只特定对一种工具（比如绘图工具的"高宽与光标信息"设置），见图 2-1-11。

10. 命令

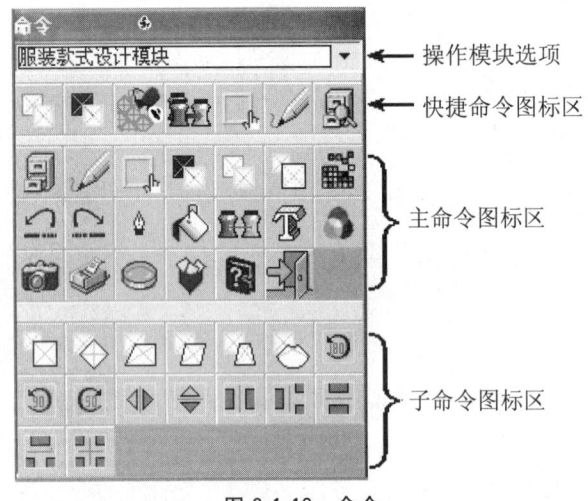

图 2-1-12　命令

在命令面板的下拉列表框（服装款式设计模块、梭织面料设计模块、针织面料设计模块、立体贴图设计模块、印花分色模块）中选择所需的操作模块，见图 2-1-12。

由于本书重点介绍针织服装 CAD，因此会着重介绍以下三个模块（服装款式设计、针织面料设计、立体贴图设计）的内容。

而梭织及印花的内容则是重点介绍在针织服装设计上元素的利用。

（二）图艺 CAD 设计工具

1. 服装款式设计模块

24 位真彩色设计方案，多层图像设计环境，丰富的设计工具，专业化设计笔库，智能型变换算法，自动化的配色工具，可完成服装款式设计、效果设计、印花图案设计等，见图 2-1-13。

配色专业色库和流行色库管理。庞大的纺织服装

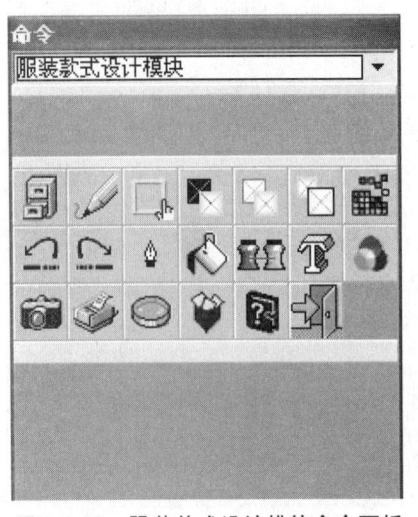

图 2-1-13　服装款式设计模块命令面板

素材库,高效的扫描仪和数码相机接口,使设计工作更快捷有效。

· 无限次的撤消与重做功能,实线、虚线、包缝线、拉链线的花边效果,艺术字体,自动换色,透明笔,几何变换,各种图像处理,填充,循环工具,随机图案自动生成等等。

服装款式设计模块是富怡纺织服装图艺设计系统中最基本的设计模块,同时也是梭织面料设计模块、立体贴图设计模块、针织面料设计模块、印花分色设计模块等设计模块的基础部分。

(1) 文档命令　点击,子命令图标区显示文档子命令

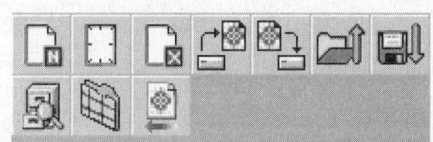

新文档　点击,弹出新文档对话框(见图 2-1-14)。

在新文档对话框中,可对各项数据进行设置:

a. 激活量度单位后的"▼"箭头出现下拉列表框。在系统提供的像素、厘米、英寸三个量度单位选项中,根据设计的需要选择量度单位,通常情况以像素为常用。

b. 对文档的宽度与高度进行大小的设置,系统对宽度、高度的默认值为 1000.00 像素点。

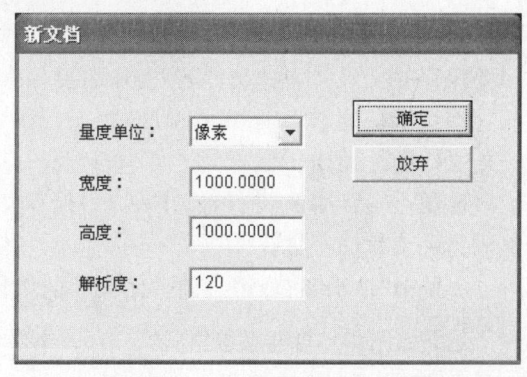

图 2-1-14　新文档对话框

c. 解析度:解析度是相对于量度单位中英寸而言,它表示 1 英寸中包含"120"像素点,也就是说,在单位为英寸的情况下,当前新文档的高、宽均为"8.3333×120"像素点。(1 英寸等于 2.54 厘米)

打印输出的解析度必须与文档处设置的解析度相同,这样打印出的尺寸才能与设定的相吻合。

d. 在打开多个文档时,要对其进行操作处理,可选择开关面板中的"表栏"选项,使各个文档名在绘图区中显示,并可实现对各个文档之间的切换及操作。

文档大小

当前文档中尺寸较大或图像较多时,在对图像进行复制、变形、填充等操作会受到限制,这种状态下就需要改变当前文档的大小。点击该命令,弹出文档大小对话框(见图 2-1-15)。

在对话框中,通过对文档宽度与高度的设置来改变当前文档大小,也可以改变对话框中

图 2-1-15　文档大小

量度单位,改变单位的同时输入解析度。设定完成后对保留内容与保留图层项进行勾选。

选择保留内容则当前文档保留打开的内容。

选择保留内容与保留图层,则当前文档创建的内容与图层被保留。

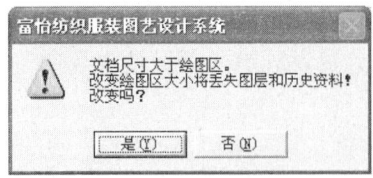

图 2-1-16　保存对话框

若不选,则出现提示对话框(见图2-1-16),提示文档尺寸大于绘图区,改变绘图区将丢失图层与历史资料。

点击"是",绘图区的大小改变,同时丢失图层与图层的内容。

若要保留图层与图层内容,则单击"否",返回到绘图区,可重新对文档大小的对话框进行设置。

关闭文档

当前文档被关闭,系统会提示是否要将当前文档的内容保存。

a.单击"是"将保存当前文档中的内容,弹出"保存文档"对话框,在"保存在"的目录中选择要保存的文件夹,在"文件名"处命名要保存的文件,在"保存类型"处是富怡纺织服装图艺设计系统默认的RPVision格式文件(＊.rpv),设置完成后单击"保存",文档的内容被保存,当前文档随之关闭。

b.单击"否"则关闭当前文档,但不保存文档中的内容,系统返回到绘图区的初始状态或显示另一文档。

c.单击"取消"将取消当前关闭文档的操作,返回到当前文档。

保存与打开系统格式(＊.rpv)文件,它是富怡纺织图艺设计系统的默认格式文件。

除系统格式(＊.rpv)之外,其他外部格式的打开和保存。

打开与保存的对象是所有文件格式。

(2) **绘图**

在富怡纺织服装图艺设计系统中,绘图命令是最基本的工具。它分为曲线、直线、圆形、矩形等多种绘图工具。此外,在固定笔宽状态下绘制的手绘线、直线、曲线可随笔的形状、粗细的设置而随时变化。

注:使用某种工具之前,首先确定笔的形状、粗细、颜色。

左键单击该图标,子命令图标区显示子命令(如图 2-1-17)。

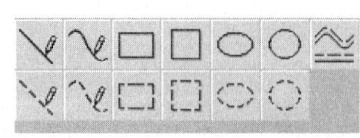

图 2-1-17

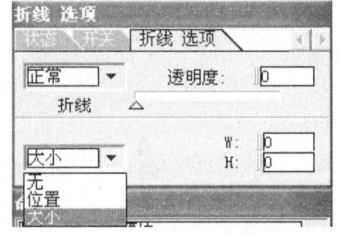

图 2-1-18　折线选项

绘实线与曲线

点击,在折线选项面板上显示透明度、光标信息参数、折线的宽度与高度(见图 2-1-18)。

注:绘实折线＋Ctrl　按住 Ctrl 键可画垂直线;绘实折线＋Shift　按住 Shift 键可画水平线;通过功能

键"F3"可实现曲线/直线的转换,"F4"可实现两种曲线转换,矩形/正方形的转换,圆形/椭圆的转换。

◆通过对透明度的调节可使颜色的透明度改变。

◆当前光标所选的为"位置"选项,在绘图区内显示当前光标的坐标值。

◆若选择"无"则当前光标不显示任何数值。

◆选择"大小"选项则显示当前折线的宽度与高度。

◆对折线宽度(W)与高度(H)的设置可通过在文字框内设置数值,也可通过键盘上 X、Y 键来实现。

▭ ▭ ○ ○ 绘圆形和方形

选择 ▭ 绘实矩形或 ▭ 绘实正方形命令,出现矩形选项面板(如图 2-1-19 所示),根据所需进行设置。

然后,将光标移入绘图区,单击鼠标左键,并沿对角线方向拖动鼠标,随鼠标的移动拉出一个矩形。若在光标信息参数中选择"大小",此时状态栏中的 X、Y 轴显示所绘矩形的宽度、高度值,到所需处再点击鼠标的左键,确认矩形。通过 X 轴按住 X 键设定绘图命令中长度、Y 轴按住 Y 键设定绘图命令中宽度键,实现对矩形宽度与高度的设定。若选择实心,绘出将是矩形块。

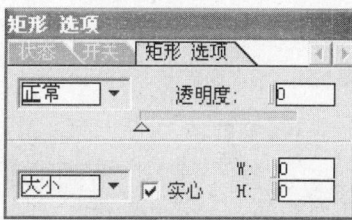

图 2-1-19 矩形选项

绘圆形或椭圆的操作方式同上。

注:通过功能键 F3 可实现曲线/直线的转换,矩形/正方形的转换,圆形/椭圆的转换。

✎ ✎ 绘虚折线或绘虚曲线

点击 ✎,出现折线选项面板(如图 2-1-20),参数的设置方法与绘实折线相同。

图 2-1-20 折线选项

点击"H"后的"▼"箭头,显示绘虚折线设置线型选项(如图 2-1-21):

在缝线长(笔宽)与缝隙长(笔宽)处可设置缝线与缝隙的宽度来改变虚折线的形状,可连续设置数值来实现所需的线条。点击"▲"箭头,返回上一对话框。

图 2-1-21 曲线选项

◆ ▭ ▭ ○ ○ 绘虚圆、虚椭圆、虚矩形、虚正方,其选项界面也是同样的操作方法。

〰 绘多道折线

绘多道折线命令可以画出专业包缝线、拉链线和一般的辑线。点击该命令,显示多道线选项面板(见图 2-1-22)。

在多道线选项中,将鼠标放在底部的命令图标上,显示工具提示如图 2-1-23 所示。

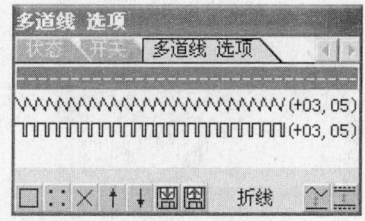

图 2-1-22 多道线

图 2-1-23

(3) ■窗口

在绘图区中执行各项命令之前,要选定一个区域作为编辑的对象,窗口则是选择区域的基本工具。所有命令执行的结果都在此窗口中体现。点击该图标,子命令图标区显示子命令。

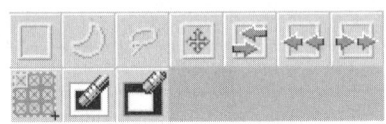

注:矩形选窗与套索选窗可定义多个窗口,但屏幕上仅显示一个当前窗口,而不规则选窗可同时定义多个窗口,并在屏幕上同时显示。

■ 窗口

点击,出现四方形定窗选项面板(见图2-1-24):

◆ 光标信息状态意义如下:

a. 无:光标在绘图区内拖移时其右下角不显示任何数值。

b. 位置:光标在绘图区内拖移时其右下角的X、Y显示为光标当前的坐标值。

c. 大小:光标在绘图区内拖移时其右下角的W、H显示为当前矩形选窗的宽度与高度的值。

图 2-1-24 四方形定窗

◆ 宽度与高度的设置:

a. 在宽度与高度的文字框内设定数值来定义所需的矩形选窗。如要定义一个宽度为"286"、高度为"32"的矩形选窗,激活宽度的文字框,并输入数值"286",设定数值后,单击"Enter"回车键,自动激活高度的文字框,输入数值"32",完成后移动光标到绘图区内,出现一个所定义的矩形选窗,点击鼠标的左键确定,定义的矩形选窗在绘图区中显示。

b. 或在矩形选窗中选择全高与全宽来定义。选择全高与全宽选项,则所定义的选窗为当前文档的高度与宽度。

注:在宽度与高度处数值的设置必须小于或等于当前文档的宽度与高度,否则富怡纺织服装图艺设计系统会弹出对话框提示所设窗口无效。

◆ 矩形选窗操作步骤:

a. 移动光标至绘图区的某一位置上,这时光标为"十"图标,点击鼠标的左键,确定矩形窗口的起点。

b. 由起点向对角线处拖移鼠标,选项面板上的宽度和高度处会同时显示拖出的矩形的宽度和高度。

c. 在矩形对角线处点击左键,完成矩形选窗如图 2-1-25 所示。

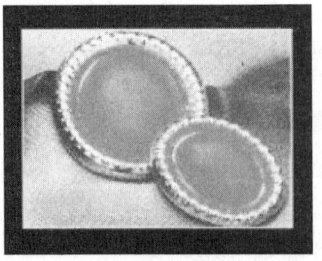

图 2-1-25 矩形选窗

不规则窗口

在对不规则图像进行选窗时,可以通过不规则选窗命令来实现如:

◆选择 ～ 线段选窗工具,可在图像中点击设置起始点。可以通过"F3"实现曲线/直线、矩形/正方形、圆形/椭圆的转换。绘制完成线段选窗后,点击确定线段的终点。

◆在绘制线段选窗过程中,要删除最近绘制的一段线段,按"Z撤消"键或撤消命令;若要重做最近删除的线段,按"A重做"键或重做命令。继续点击拖移以完成选窗,闭合选窗边框,用鼠标的右键单击完成选窗的操作。矩形与椭圆的功能用法同矩形窗口功能用法。色块选窗命令让您选择同一色系的区域,而无需跟踪其轮廓。

注:

①在不规则选窗中可以连续定义多个选窗,而窗口命令中的矩形选窗、套索选窗只能定义一次,若要再定义选窗,上一次的选窗将被自动删除。

②用不规则选窗命令对图片进行多次定义时,若想使前后两次的选窗分开,可在下一次定义不规则选窗之前,通过撤消命令撤消上一次不规则选窗,重新定义所需的不规则选窗。

③当定义了多个不规则选窗并相互间重叠在一起时,选择窗内清除命令,未重叠部分被删除;选择窗外清除命令,重叠部分被删除。

④在不规则选窗中可进行图像的移动、复制及整合等操作。

套索选窗

套索选窗工具可选择任意形状的图形,是矩形选窗的补充选窗。

左键点击,拖移以绘制图像的选区边框。当完成对图像的选取后,放开鼠标的左键,自动联接形成套索选窗。

移动选窗

在绘图区内设定选窗后,有时需要对选窗进行移动以达到精确选窗,可通过该命令将当前窗口移动到所需位置。

上一选窗

在绘图区中先后定义了两个选窗时,可以通过该命令来实现对两个窗口进行相互换置的操作。上一选窗它只能对当前窗口的前一选窗或后一选窗有效。

前一选窗

当绘图区内先后定义了多个选窗时,可选择该命令实现从当前的选窗返回到当前文档中前边的任意一个选窗。

后一选窗

实现从当前选窗转换到后面选窗中的任意一个选窗。

图像循环

可将一个图案或图案中的某个区域进行循环处理。

首先,由当前选窗(矩形选窗)确定被循环的内容,选择该命令,拖动光标,确定位置后点

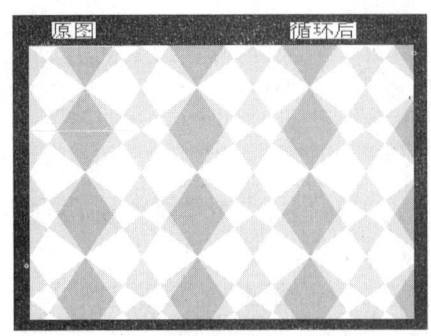

图 2-1-26　图像循环

击左键,完成图像循环的操作(见图 2-1-26)。

若选择开关面板中内容选项,则在图像循环过程中能够更好地把握住图像循环的完整性。

■ 窗内清除

清除所选定义窗口内的内容。

■ 窗外清除

清除所选定义窗口以外的内容。

(4) ■ 移动

移动命令是将定义在选窗内的图像移动到所需位置。

点击,出现移动选窗内容选项面板。

◆根据需要对光标信息进行选取:

a. 无:表示当前光标不显示任何数值。

b. 位置:表示光标当前所处位置的坐标值 X、Y。

c. 大小:表示光标当前所处位置的相对坐标值 DX、DY。

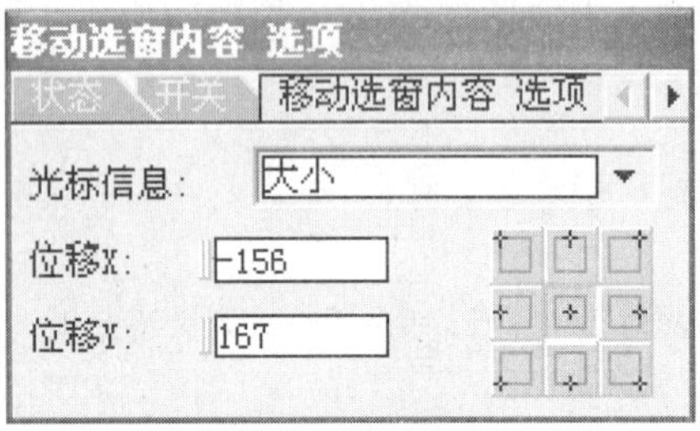

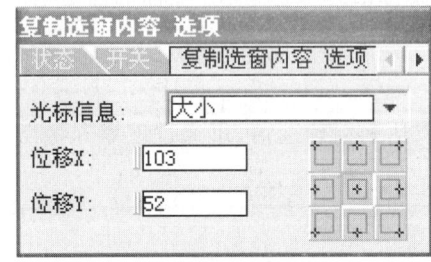

图 2-1-27　移动选窗

◆右下角的选框表明光标出现在移动选窗内的位置,即:左上、上中、右上、左中、正中、右中、左下、中下、右下。

◆在子命令图标区中显示四种移动子命令 ■■■■ 分别是图像移动、图像镜像移动、图像倒影移动、图像倒影镜像移动。

(5) ■ 复制命令

图像复制命令是将定义在选窗内的图像进行复制。点击,出现复制选窗内容选项面板,如图 2-1-28 所示。

◆根据需要对光标信息进行选取:

a. 无:表示当前光标不显示任何数值。

b. 位置:表示光标当前所处位置的坐标值 X、Y。

图 2-1-28　复制选窗

c. 大小:表示光标当前所处位置的相对坐标值 DX、DY。

◆右下角的选框表明光标出现在移动选窗内的位置,即:左上、上中、右上、左中、正中、右中、左下、中下、右下。

◆在子命令图标区中显示四种移动子命令 ■■■■ 分别是图像复制、图像镜像复制、图像倒影复制、图像倒影镜像复制。

(6) ■ 变形

选择要变形图像的部分或全部,点击该命令,在子命令图标区显示变形子命令如下:

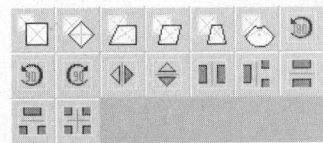

□ **缩放变形**

点击显示缩放变形选项面板。

如图 2-1-29 所示,选择缩放变形可进行以下操作:

a. 使需要缩放的图片根据原图的比例进行缩小或放大。

b. 使需要变形的图片不根据原图的比例进行放大或缩小,可以随心所欲处理图片。

◇ **旋转变形**　点击,在绘图区内光标上出现一个白色矩形框,大小与原图相同,点击鼠标的左键,这时鼠标做顺时针或逆时针转动,该框也随之旋转,达到所需角度后点击左键确认。再次移动光标到指定位置,点击左键完成。

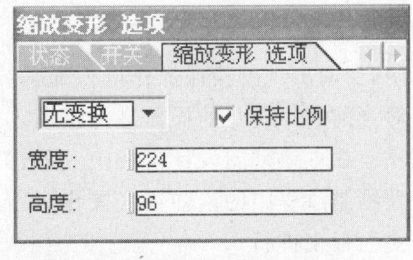

图 2-1-29

△ **移动**、△ **歪斜**、△ **透视变形**

其操作都是拖动图片的四个节点来完成所需要达到的效果。

⊃ 旋转 180 度、⊃ 旋转 90 度(逆时针)、⊂ 旋转 90 度(顺时针)、◁▷ 水平翻转、▽△ 垂直翻转

以上功能是对原图进行规则角度的转换处理。

▯▯ 左右分窗、▯▯ 左右分窗(Half-drop)、▭▭ 上下分窗、▭▭ 上下分窗(Half-shift)、▦ 对角分窗

以上功能是对原图进行等分操作。

(7) ▦ **整合**　使用色彩整合命令可减少或控制图像的颜色数,对于扫描图像(面料、时装图片等)的颜色在富怡纺织服装图艺设计系统内进行再处理尤为实用与方便。

一个图片通过扫描仪进入系统内,总会有些多余的颜色。例如:仔细观察一块布料与它扫描图像的放大像,可看出平时不仔细观察所忽略的颜色上的微小变化,如小点、斑纹等。

把图像中的所有颜色整合成几种主要颜色或整合到一个准备好的颜色面板中,可以减少或删除一些不想要的或不重要的颜色。

点击该主命令,显示整合子命令如下:

▦ **指定颜色整合**　将图片的颜色处理到所指定的颜色,而其他的颜色则自动清除。

▦ **内定颜色整合**　根据要处理的图片,软件默认分析各种颜色的成分比,然后将颜色处理到颜色成分比较多的几种颜色。

▦ **灰度**　主要是将图片处理成黑白效果,至于黑白效果的颜色数,主要根据级数而定,但是不代表有几级灰级就可以将图片处理到几个颜色。

(8) ⌒撤消、⌒重做

撤消与恢复的快捷键为"Z"和"A"。

通过撤消命令可以撤消错误的操作,图像的全部或部分可恢复到最初始的状态。

撤消有以下几种形式：

撤消命令撤消上一操作,返回到上一状态,也可以通过快捷键"Z 撤消"来撤消上一次的操作。

进行绘图命令和折线路径命令、曲线路径命令操作时,可对直线、曲线、折线在绘制过程中,当前出现的错误操作进行撤消或修改,有利于加快操作的进程。用撤消命令或"Z"键可对当前的每一步的操作进行撤消。

在立体贴图设计模块中,用撤消命令或"Z"键,可对贴图命令中的新建物件和添加物件在绘制过程中的当前错误操作进行撤消。除撤消命令之外,对当前操作的撤消也可通过历史面板来进行。

(9) 填充

在主命令图标区点击该命令,子命令图标区显示如下七种填充子命令。

其功能分别为：单色填充、图案填充、图案旋转填充、图案直向移位填充、图案直向移位旋转填充、图案横向移位填充、图案横向移位旋转填充。以上功能除单色填充为颜色填充外,其余功能填充的对象以花型为主(花型包括几何图形、花卉、动物等等)。

注：在图案旋转填充、图案直向移位旋转填充及图案横向移位旋转填充中,可通过自由旋转来决定角度,即不在文字框内设置数值,直接移动光标到绘图区,点击鼠标左键旋转到所需的角度,再次点击左键,完成对角度的设置。

a. 单色填充

①在填充命令的子命令图标区中选择该命令。

②将光标移到颜色面板内,在所选择的填充色上点击鼠标左键,被选色以高亮度显示。

③可通过调节选项面板中的透明度来改变当前填充颜色的透明效果。

④确定填充区域的外廓为封闭的,将光标移入填充区域内,点击鼠标左键填充,点击右键结束单色填充。

b. 其他填充工具

①用绘图工具绘制封闭的填充区域。

②在图案填充之前选定填充图案窗口。

③在子命令图标区中选择图案填充命令,图案填充选项面板上显示填充图案的高宽值,并可对图案填充的"直向间隔"、"横向间隔"、"旋转角度"、"横向移位"或"直向移位"等进行数值设置。

④将光标移到绘图区内,出现一个白色矩形框,大小与原窗口相同。在填充区域里,单击鼠标的左键完成图案的填充,点击右键结束图案填充。

（10）[图标] 换色

对于一个包含多种颜色，并且每种颜色的分布又不规则的图案，可以改变其中一种颜色而又避开其他颜色。即换色命令可以把图案的全部或局部颜色转换为指定的颜色。在主命令图标区中点击该命令，显示其子命令：

[图标] 单色换单色

①定义要进行换色的图案选窗。

②在换色命令的子命令图标区中点击该命令，显示单换单选项面板（见图 2-1-30）。

③在定义图案处点击鼠标的左键选择要改变的颜色，将光标移入颜色面板或绘图区域内，选择要更换的颜色点击左键确认，则图案的颜色改变。点击鼠标的右键或 [图标] 返回命令，结束任务并返回。

图 2-1-30　单色换单色

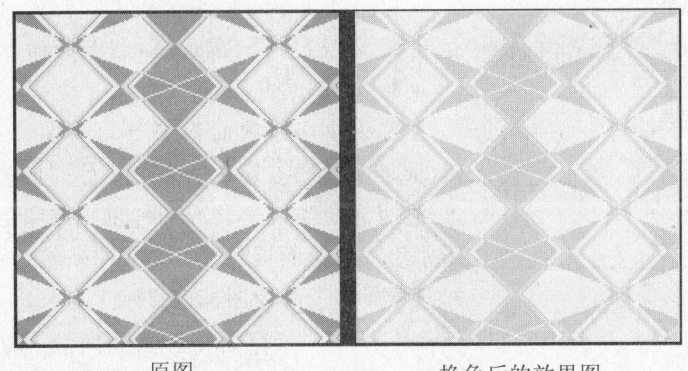

　原图　　　　　　　换色后的效果图

图 2-1-31　单色换单色效果

[图标] 单色互换

单色互换的操作原理同单色换单色，唯一的区别是单色换单色可以减少原图的颜色数，有可能使图片失去原有的风格，而单色互换始终保持原图的颜色数。

[图标] 多色换单色

定义换色的图案选窗点击该命令，显示多换单选项面板（见图 2-1-32）。

在多换单选项面板中分为两部分：

"将颜色"处显示从定义图案中选取的多个颜色；"换为"处是将选择的颜色换成所需的一种颜色，它可以从定义的图案、颜色面板及颜色命令中获取。

同时，在子命令图标区显示多色换单色的子命令

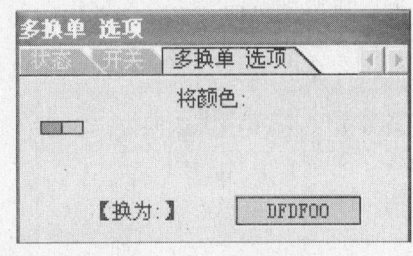

图 2-1-32　多换单

。将定义图案中需要更换的颜色选取,然后点击 确定命令,移动光标到绘图区内或颜色面板中选定"换为"的颜色,点击鼠标的左键确定。换色效果如图2-1-33所示。

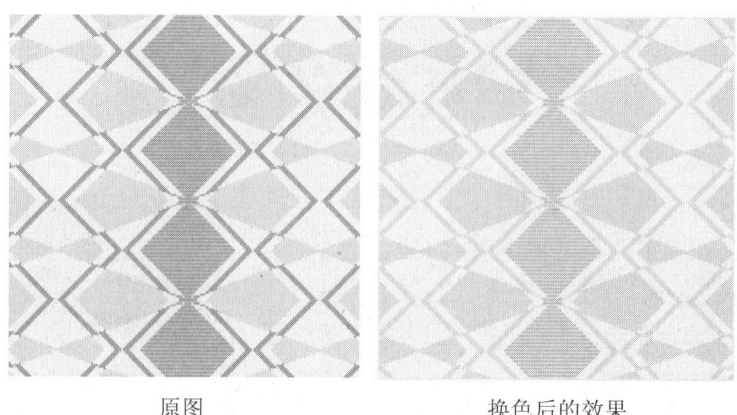

原图　　　　　　　　换色后的效果

图2-1-33　多色换单色效果

多色换多色

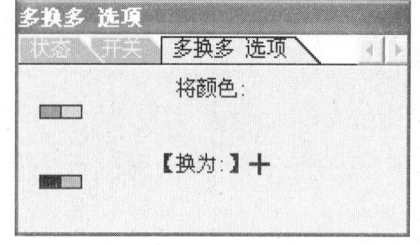

定义换色的图案选窗,点击该命令,显示多换多选项面板(见图2-1-34)。

在多换多选项面板中分为两部分:"将颜色"处显示从定义图案中选取的多个颜色;"换为"处是将选择的颜色换成所需的一种或一种以上的颜色,它可以从定义的图案、颜色面板及颜色命令中获取。

图2-1-34　多换多

同时,子命令图标区显示多色换多色的子命令:

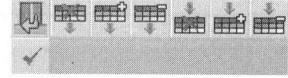

这四项的作用、作用对象与多色换单色命令相同,不再重复。

①将光标移入定义的选窗内,选择需要更换的颜色,一一点击鼠标的左键选取;也可以沿对角线方向拉出一个虚线的矩形框,虚线框内的所有颜色均被选取。

②定义好"将颜色"处后,运用 这几项命令,确定"换为"处的颜色,颜色的选择可以通过颜色面板或绘图区内图像。

③点击 确定命令,完成多色换多色的操作,显示如图2-1-35所示多色换多色操作的最终效果,点击 返回。

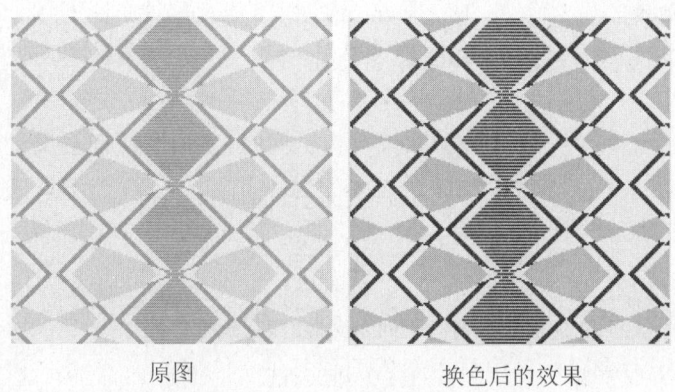

原图　　　　　　　　　换色后的效果

(彩)图 2-1-35　多色换多色

▤ 整合

对需配色的图案进行整合,使颜色数小于或等于 12(见图 2-1-36)。

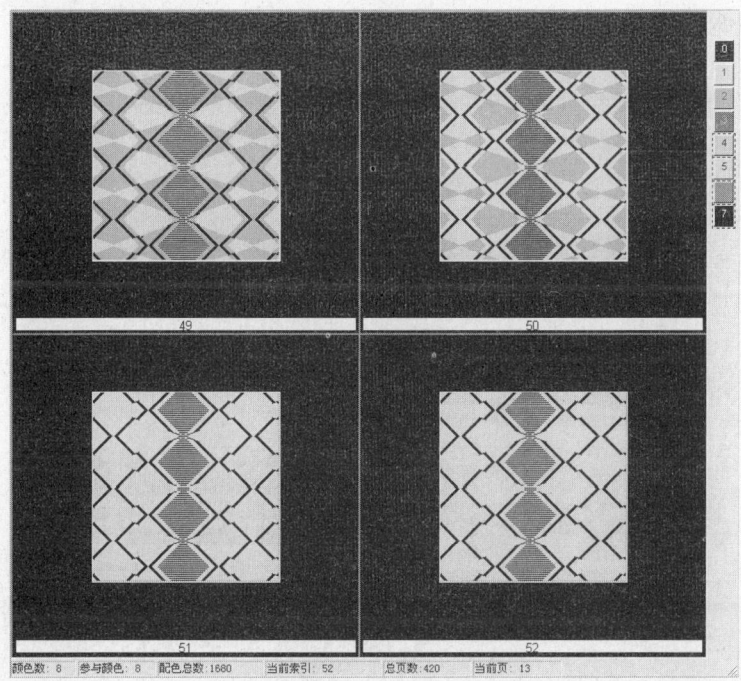

图 2-1-36　整合

①在配色窗的右边显示参与配色的颜色块与颜色数。通过鼠标左键点击颜色块来实现对颜色的增删,也可通过在颜色面板上选择来添加所需的颜色。

②在配色窗内显示由参与配色的颜色块所构成的多种不同图案,用鼠标左键在图案上点击,页面自动向下翻转,也可通过键盘上的"Enter"键来对页面进行翻转。用鼠标右键点击配色图案,弹出"保存"和"取图"选项(保存:保存配色图案;取图:将配色图案取到绘图区)。

③在状态栏显示颜色数、总数、当前索引及总页数等信息。

④配色子命令显示　　　　　　　　　。

注：在参与配色的颜色数必须在1~12之间，图案在进行配色时，在颜色多于"12"的情况下，可以通过选择使用整合命令中的指定颜色整合命令或内定颜色整合命令来减少（或控制）图案的颜色数。

(11) 文字

执行该命令可在文档中输入多种英、汉字体。同时，富怡纺织服装图艺设计系统拥有多种字体类型，可使输入的字体展示出多种艺术字体效果。它包括子工具艺术文字和常规文字的输入。

(12) 颜色

富怡纺织服装图艺设计系统有丰富的色彩及色彩处理功能。

点击该命令，子命令图标区内显示颜色子命令：

颜色选取

点击，弹出颜色选取对话框（见图2-1-37），可对所选颜色的H（色调）、S（饱和度）、V（亮度）值及R、G、B值进行设置，也可在左边的色彩框和色彩浓度框中直接用鼠标选取。运用颜色选取命令可使颜色选取更加直观、方便，选取范围也更大。

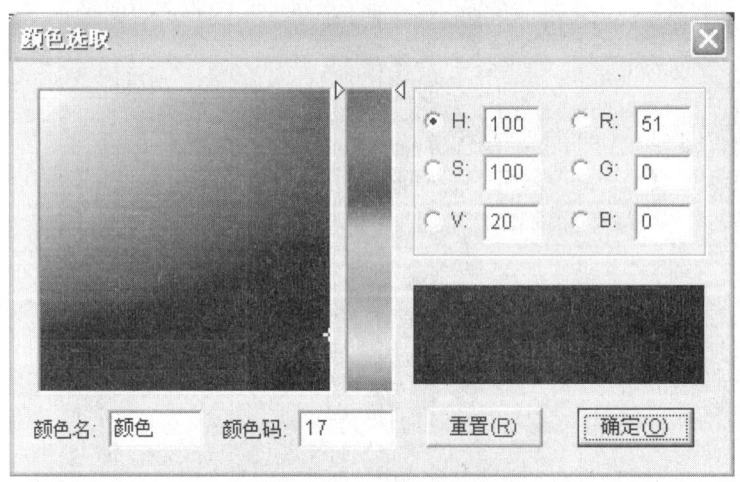

图2-1-37 颜色选取对话框

颜色比率

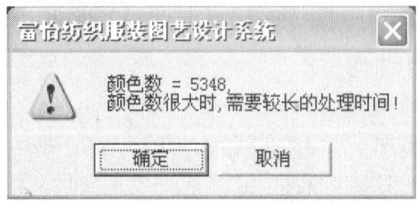

图2-1-38 提示框

通过颜色比率命令可分析所定义图像的颜色成分。点击，若颜色数太多（>256），出现提示对话框（见图2-1-38）。

单击"确定"忽略提示，或者整合颜色后，进入颜色比率窗（见图2-1-39）。

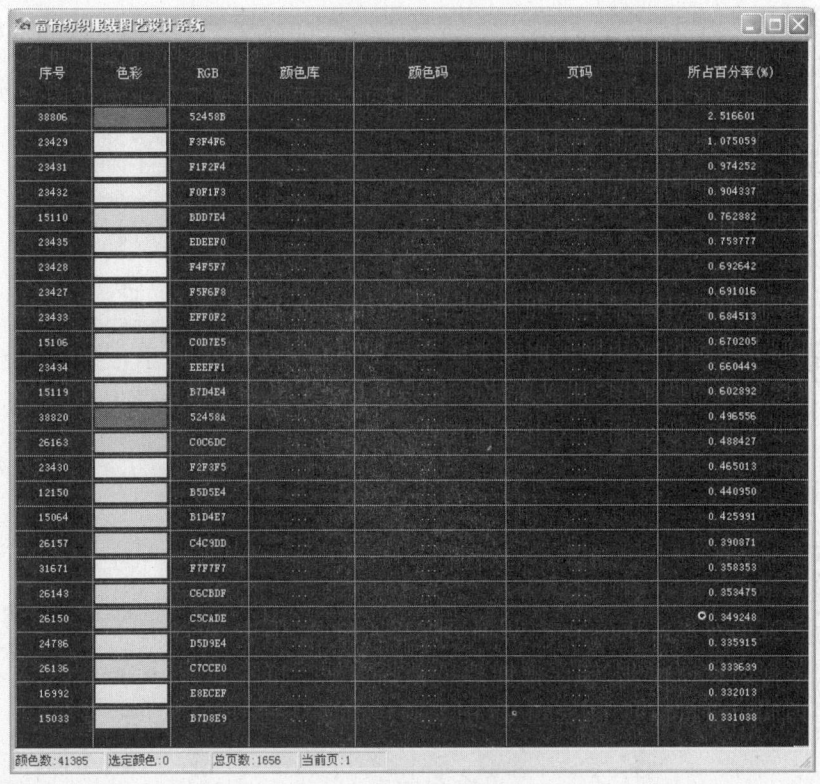

图 2-1-39　颜色比率窗

在颜色比率窗内显示颜色的序号、色彩、RGB 代码、颜色库、颜色码、页码及所占百分率(%)。

同时,在子命令图标区显示颜色比率的下一级子命令。

注:

①在颜色比率窗内,按住"Ctrl"键+鼠标的左键点击要选择颜色的序号处,在该序号处出现一个白色框表示该颜色被选中。

②在颜色比率窗中,按住"Shift"键+鼠标的左键点击某颜色的序号处,在该序号处出现一个白色的"✕"表示该颜色从颜色百分率的计算中剔除,各种颜色所占的百分率随之改变。

Pantone_textile 颜色管理、Pantone_textile_ext 颜色管理

Pantone 是国际通用的颜色检验标准。Pantone 专业颜色系统库是由 Pantone 专业所指定的颜色库,该系统提供了 1255 种最常用的颜色,适用于服装业、室内陈设、建筑及工业设计中的选择、识别、交换颜色等工序。

Pantone_Textile 颜色管理内存储 1715 种颜色,它拥有按不同方式排列的 Pantone_Textile 专业颜色系统中的全部颜色(另加 460 种颜色),通过输入颜色名及颜色码选择 Pantone_Textile 颜色管理内的颜色进行绘画。

点击该命令,进入 Pantone_Textile 色库窗口(见图 2-1-40):

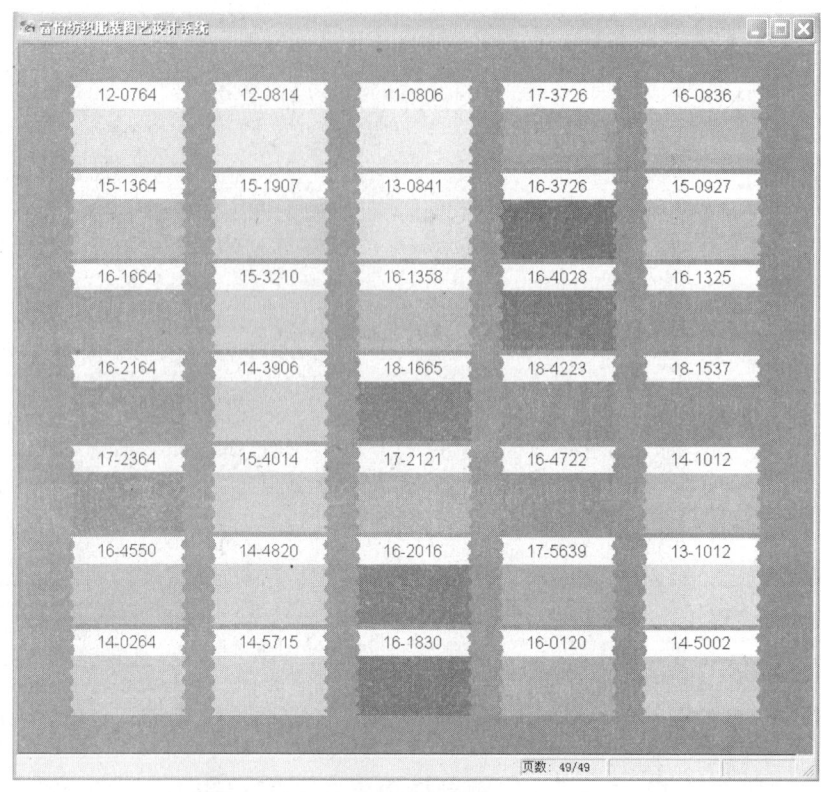

图 2-1-40　色库

同时,显示子命令图标 ![icons]。

用户色库

用户色库可使用户根据配色风格建立自己的灵活色库。

点击该命令,子命令图标区显示其子命令(见图 2-1-41):

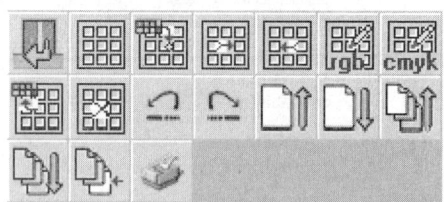

图 2-1-41　用户色库子命令

注:

①在用户色库中,可以通过 Ctrl＋鼠标的左键对需要的颜色进行逐个选取;Shift＋鼠标的左键可对颜色进行群选,即:假如先选中颜色 0,再按住 Shift＋鼠标的左键选中颜色 7,则这 8 种颜色全部被选中。

②在颜色库中,移动光标到某一颜色块处,显示该色块的 RGB 颜色值。

图像色彩调整

主要调整图像的亮度、对比度、饱和度、色调和伽马值。

图像 RGB 调整主要调整图像的整体色相。

颜色选择 RGB、颜色选择 CMYK

使用颜色选择 RGB 命令，可以修改颜色面板内的颜色，调配出新颜色。

◆获取颜色：调整一个颜色之前，通过在颜色面板上选择来获取这个颜色。

◆选择颜色选择命令，该颜色则被获取显示在 RGB 选色对话框的左上颜色块（见图 2-1-42）。

◆获取颜色后，将光标移到 RGB 的色调杆上开始调色。

三原色的三个色调杆上分别控制着 RGB 颜色值，通过拖动色调杆上的滑块来调节。对话框左下颜色块显示当前颜色，右面文字框内显示当前颜色的 RGB 值，在颜色名及颜色码处显示所选颜色在颜色面板上的位置。当前的颜色达到所要的颜色时，点击确定，在颜色面板上的颜色被置换成当前的颜色。CMYK 调色该功能与三原色调色的各项功能及操作方法是一样的，区别仅在于 CMYK 调色是将一种颜色分成品红、青、黄、黑四色按百分比进行调整。

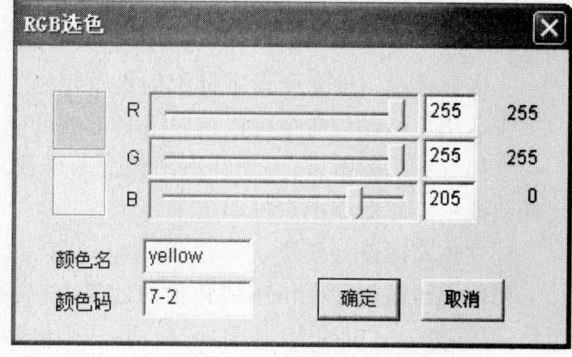

图 2-1-42 选色对话框

（13）捕获　捕获的下一级子菜单命令项包括：拷贝（Ctrl＋Insert 拷贝）、粘贴（Shift＋Insert 粘贴）、扫描与抓屏。

（14）打印

点击，在子命令图标区出现 符号打印 1 和 位图打印。

注：在服装款式设计模块状态下的图像为点阵图像，打印后显示为颜色点的矩阵；而符号图则是相应的符号矩阵，每个符号代表一种颜色。符号打印 1 的图像的颜色数必须在 1～999 间。

（15）图像　通过对图像命令的操作可以掩饰图像中的缺陷，改变或润色图像，或者通过对一组图像应用相同的图像效果来使图像看起来有关联。

（16）杂项

富怡纺织服装图艺设计系统的杂项命令组用于控制界面的设定，用户可根据自己的爱好来设计界面，应用颜色管理来处理仿真输出的显示颜色，通过对随机工具的操作来设置出多种不同的随机图案，使用图像特效边调整命令设计图像特效边，散点去除命令用于删除图像中的散点，使目标图像更加清晰，图像覆盖、图像渐变让图像产生更多精彩效果。

（17）关于　主要介绍了富怡纺织服装图艺设计系统的版权等说明。

（18）退出　退出工作状态。

2. 针织面料设计模块

针织面料设计模块是将图像转换为针织效果的先进操作模块。与服装款式设计模块一样，它有一组绘图命令设计针织图案与针织款式。更为重要的是，它能控制针织的针迹并即时预览针织效果。

针织品的形状可用服装款式设计模块中的各项命令来进行勾画,逼真的三维显示(一个穿针织面料的模特)可用立体贴图设计产生三维图来实现。针织图案设计可以用服装款式设计模块来绘画(或由扫描的真实针织图修改),然后转到针织面料设计模块中设计针迹;也可以在针织面料设计模块下开始原始设计。

◆针织面料设计的基本操作步骤:
①进入针织面料设计模块,并在比例视窗中选择 S 视窗,进入针织模拟窗。
②在选定的图案中画出针织针迹、修改针织图案、建立针织结构。
③选择针织密度命令设定针织的松紧比例。
④运用毛衫设计命令可以编辑毛衫款式的工艺参数。
⑤拥有针织图案后,可用针织图像命令转换为位图,以便保存放入针织文件中,也可以用针织模拟打印命令把它打印出来。

3. 立体贴图设计模块

要使立体贴图的操作达到满意的效果,首先要对服装的立体概念有所了解。人体是一个特定的立体,它由四个面(前面、后面、两个侧面)和胸、腰、臀的曲线组成。从正面看,腰部上下由两个梯形箱体组成;从侧面看,胸部前隆、臀部微后翘,形成优美的曲线。就服装设计而言,一件具有立体感的服装,应与人体特征相符合。要想使服装符合人体特征的基本线条,就需要对人体造型有一个较全面的了解。正确地认识人的体形特征,有助于我们加深对服装立体性的理解,明确人体对时装效果图的基本要求。因此立体贴图主要借助人体三维造型,使用户将设计出来的平面款式模拟地穿着在模台上,从而达到设计的针织服装效果图更加直观、实用。

二、工艺设计 CAD 工作界面及设计工具

毛衫工艺系统是为毛衫行业提供的计算工艺专用软件,界面简洁而友善,思路清晰而明确,工具功能强大、使用方便。它可为用户在竞争激烈的毛衫市场中提高生产效率,缩短生产周期,增加毛衫产品的技术含量和高附加值。该系统主要具有以下特点:

◆ 工艺师只需要输入毛衫尺寸数据和相关的款型特征,不需要任何手工计算就能直接生成毛衫工艺单。

◆ 本系统诸多模块中,与毛衫工艺有关的各个部位名称、数据等都可根据用户要求进行修改。

◆ 毛衫工艺的计算公式可以按照用户的习惯和特点进行个性化设置并分类保存。

◆ 具有强大的工艺调整功能。

◆ 为实现设计的多元化,系统着重加强时装款式的设计功能。

◆ 可进行自动放码,根据不同需要放出不同的码数。

◆ 可进行毛衫成本、下机衣片的理论毛重和净重的计算。

◆ 可储存巨量的工艺资料,根据任何条件进行查找。

◆ 具有打印预览、字体、字号、颜色、绘图等多种使用的辅助功能。

(一)工艺设计 CAD 工作界面 如下图 2-1-43 所示：

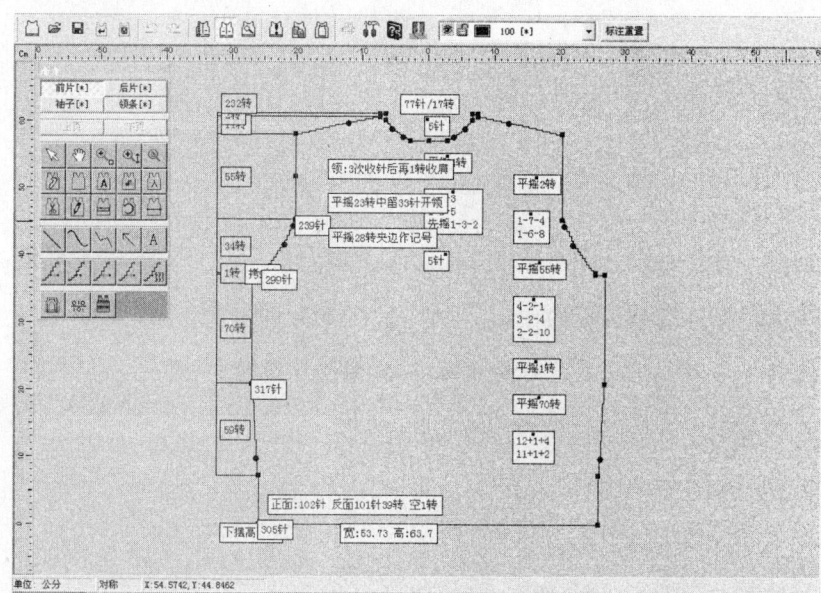

图 2-1-43 工艺设计工作界面

上图中最上面一行菜单栏意义如下：

 新建 建立一张新的工艺。

 打开 打开已经存入硬盘的工艺单。

 保存 保存正在操作的工艺。

 参数设置 对创建工艺时建立的款式特征、部位尺寸和修正参数进行查看或修改。

 衣片设计 显示衣片及工艺图。

 计算基码 计算新工艺及重算老工艺。

 模版重算 计算手工衣片工艺。

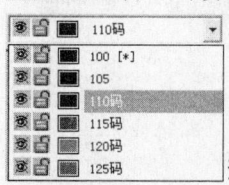 查齐码工艺

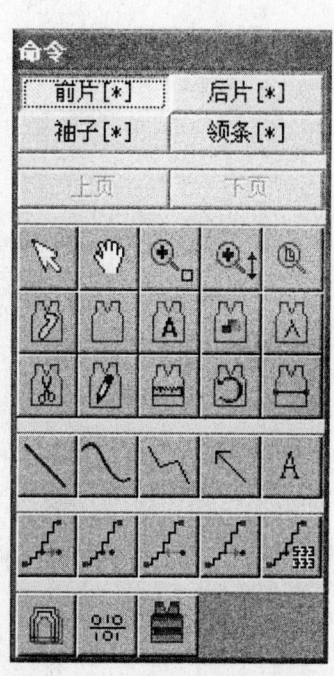

 工艺标注重置

(二)工艺设计 CAD 设计工具

工具栏如图 2-1-44 所示。

 选片按钮

图 2-1-44 设计 CAD 工具栏

选取　删除和移动工艺数据，对工艺数据进行双击可修饰所选中的工艺数据。

移动

放大

实施缩放

全图

尺寸测量　测量两点之间的针转数和弯曲长度。

切割衣片　用于时装款的操作，起到对一个原始片的多次切割。

衣片旋转　考虑到有些工艺需要横做，需要对衣片旋转90度。

直线　做辅助线直线功能。

曲线　做辅助线曲线功能。

折线　做辅助线折线功能。

箭头　做辅助线箭头功能。

文字　做辅助文字功能。

收针分配　计算选中段的收针分配。

排针　对所创工艺的具体开针、织针的排列。

间色　制作间色工艺。

尺寸放码　对所创工艺的多个规格进行推码。

第二节　针织面料CAD设计应用

针织模块是将图案及图片转换为针织效果的先进操作模块。与位图模块一样，它有一组绘图命令设计针织面料。更重要的是，它能控制针织的针迹并即时预览针织效果。本节将运用设计工具介绍常见针织面料的设计方法。

一、基本组织设计

（一）平针组织

设计要求：大小（200×200）像素，横密6针/厘米、纵密8行/厘米。

1.打开 [设计系统]

在命令面板的下拉列表中选针织设计模块，显示针织命令子菜单（如图2-2-1所示）：

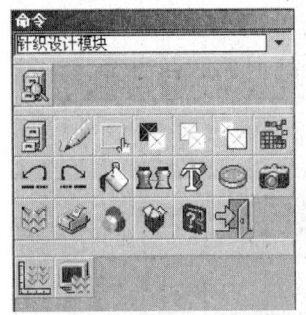

图2-2-1　针织命令子菜单

2. 在比例视窗中选择 S 视窗,进入针织模拟窗(如图 2-2-2 所示),选择白色正针。针织模拟窗能真实地显示图像的针织效果,每一点显示为一个针迹。颜色面板的色框也将以针迹的形式显现,将光标指向一个色框,点击鼠标的右键,色框中的针形会改变;点击一下为反针(如图 2-2-3 所示),再点击一下恢复为正针。

注:选择"S"视窗后,任何图像都被显示为针织图。在针织模拟窗中,只有颜色码为 000 的黑色是透明的,其余颜色均显示针迹。

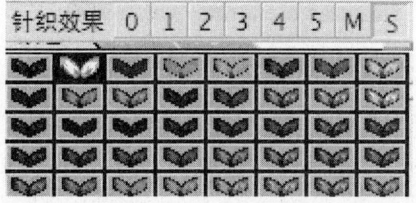 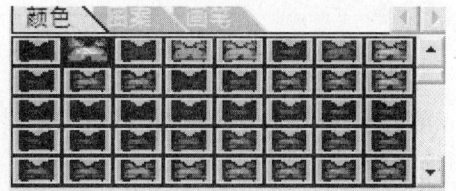

图 2-2-2　针织模拟窗　　　　　图 2-2-3　正反针变化

3. 点击 ✎ 绘图工具,出现如图 2-2-4 所示的子命令区。选择绘实正方形,在绘图工作区画出一个实正方形,如图 2-2-5 所示。

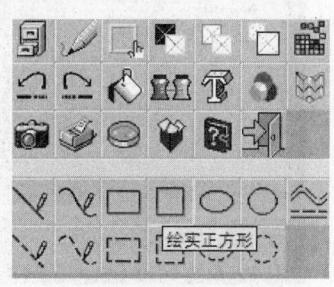 

图 2-2-4　绘图子命令　　　　　图 2-2-5　实正方形

4. 点击 填充工具,出现如图 2-2-6 所示的子命令区。选择单色填充,在实正方形中点击鼠标左键,形成平针组织面料正面图,如图 2-2-7 所示。如果在第 2 步选择反针,就画出平针组织面料反面图,如图 2-2-8 所示。

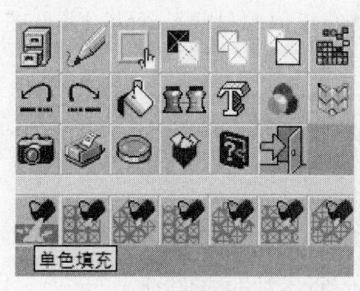 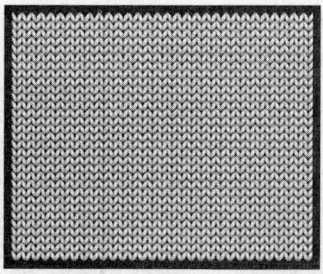 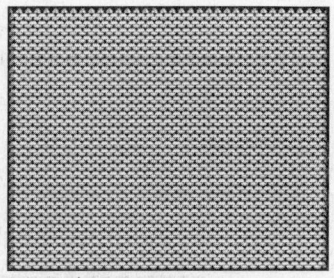

图 2-2-6　填充子命令　　图 2-2-7　平针组织正面　　图 2-2-8　平针组织反面

5. 选择 针织密度命令　在图 2-2-9 所示的对话框中设定针织面料的横密和纵密,横密 6 针/厘米、纵密 8 行/厘米,则形成设计需要的织物密度,如图 2-2-10 所示。

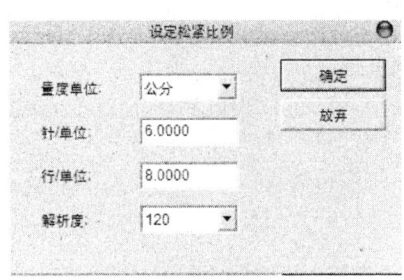

图2-2-9 比例设定

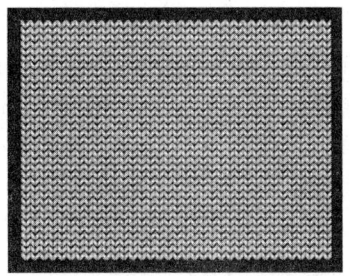

图2-2-10 设定密度

6.单击  窗口命令,选中设计好的平针面料,然后单击 ▓ 针织图像命令,将针织模拟窗中的针织图案转换到绘图区。

7.单击 ▓ 窗口命令,在四方形定窗选项(见图2-2-11)中设置像素为200×200,把窗口移到面料上后点击鼠标右键,使用 ▓ 窗外清除命令,完成本次要求的平针面料设计,如图2-2-12所示。

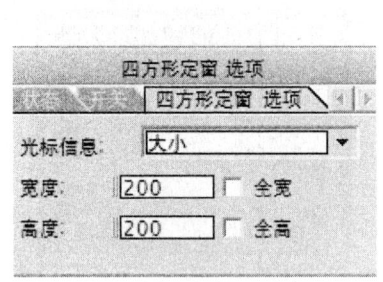

图2-2-11 四方形定窗

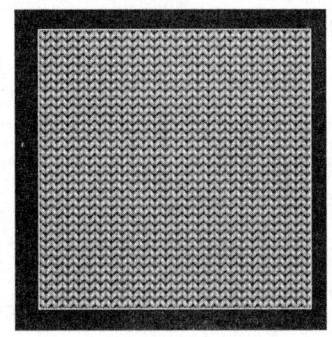

图2-2-12 设计完成的针织面料

(二)罗纹组织

设计要求:2+2罗纹组织,大小(200×200)像素,横密8针/厘米,纵密10行/厘米。

1~4步可参考平针组织设计。

1.在颜色面板中选择白色反针(见图2-2-13),在上面完成的正面平针组织面料上(见图2-2-10),画出两个反面纵行,如图2-2-14所示。

图2-2-13 反针

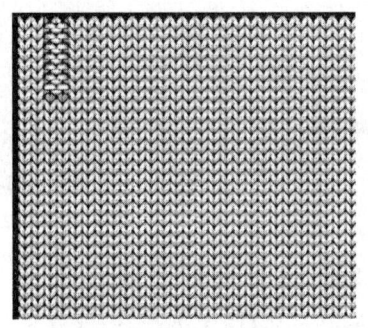

图2-2-14 画反面纵行

2.单击 ▓ 窗口命令,选中2+2罗纹组织,如图2-2-15所示。然后单击窗口命令中的子

命令 ▦ 图像循环命令，拖动鼠标拉出一个大的选窗，得到一整块2+2罗纹组织，如图2-2-16所示。

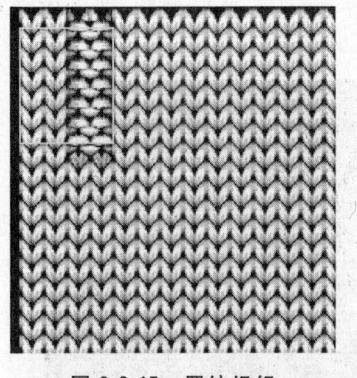

图 2-2-15　罗纹组织

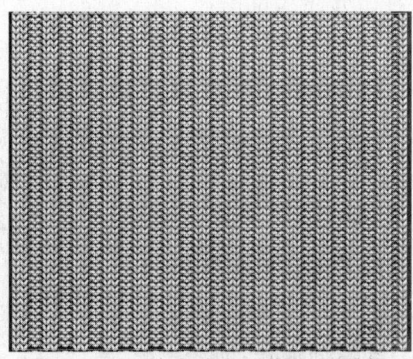

图 2-2-16　2+2 罗纹

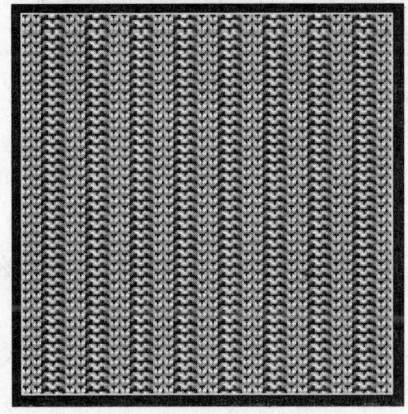

图 2-2-17　设计好的罗纹组织

图 2-2-18　图案单元

接下几步可以参考平针组织设计步骤，最终得到大小（200×200）像素、横密8针/厘米、纵密10行/厘米的2+2罗纹组织，如图2-2-17所示。

二、常见花色组织设计

富怡纺织服装图艺设计系统的针织库内有丰富的针织单元结构，把这些单元作为"建筑块"可形成各种花色针织面料，同时使用针织库提供的单元形成的结构可在屏幕上即时检查和寻找不当之处或错误的针形，可以在某种程度上检查它们的实用性。

（一）提花组织

设计要求：3色单面提花组织，横密10针/厘米、纵密12行/厘米，图案自定。

1. 图案的获取有多种途径，如外围设备、网络或者素材库，可从中选取一张合适的图片进行处理。打开 ▦ 色彩整合命令，对图片的颜色数目进行删选，然后可以使用 ▦ 换色命令，使得图案的颜色数目和色彩都符合设计要求。考虑到针织效果视窗具有放大效果，可以使用 ▫ 变形工具对图案大小进行缩放，并用 ▫ 窗口工具从图片上截取一个大小合理、可循环的图案。本例中采用如图2-2-18所示的图案。

2. 选择针织设计模块，把视窗切换到 S 视窗；调整密度，可以参考平针组织设计步骤；最终得到横密 10 针/厘米、纵密 12 行/厘米的 3 色单面提花组织，如图 2-2-19 所示。

在设计提花组织的时候，最关键的一步是图片处理：第一是色彩处理，要考虑颜色数目、**搭配效果及可编织性**；第二是图案大小也需要处理。

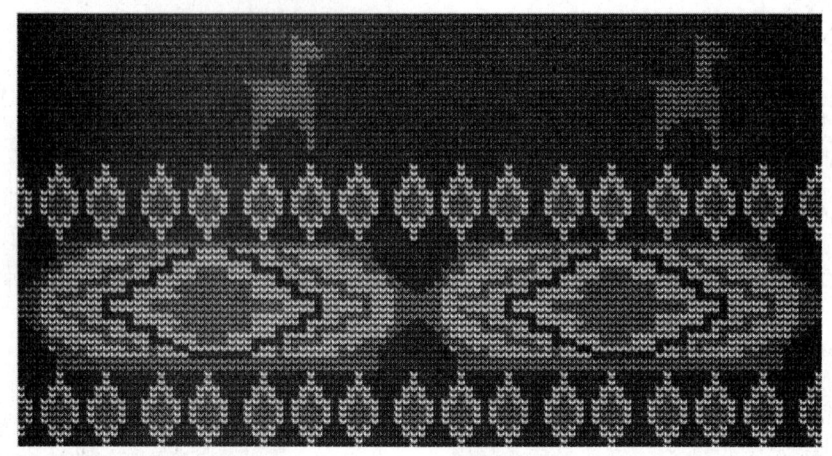

（彩）图 2-2-19　3 色单面提花

（二）绞花组织

为了使面料上的绞花效果更加突出，一般绞花组织以罗纹组织为基础。本例在正面线圈纵行进行绞花设计。

图 2-2-20　6＋3 罗纹

设计要求：在 6＋3 罗纹组织基础上设计绞花组织，横密 8 针/厘米、纵密 10 行/厘米。

1. 6＋3 罗纹组织的设计可以参考本章第一节 2＋2 罗纹组织的设计方法，得到如图 2-2-20 所示的组织。

2. 在针织素材库中调用针织结构单元。打开 ▣ 文档命令中的文件管理命令 ▣，在富怡纺织服装图艺设计软件的安装目录下找到针织库，如图 2-2-21 所示。Arans 表示波纹组织，又称扳花组织，Cable 表示绞花组织，Lace 表示挑花组织也就是俗称的蕾丝。打开 Cable 找到 3＊3 的结构单元，如图 2-2-22 所示，左键单击选中该单元。

3. 把选中的结构单元放置在设计好的 6＋3 罗纹组织结构的正面线圈纵行上，如图 2-2-23 所示。

4. 用选窗选中绞花组织的结构单元（见图 2-2-24），利用图像循环命令得到绞花组织，如图 2-2-25 所示。

5. 利用调整密度和针织图像命令，设计符合要求的绞花组织，见图 2-2-26。

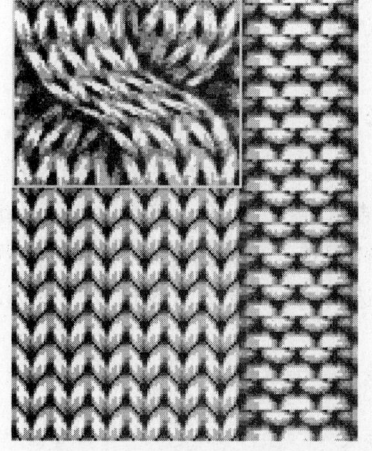

图2-2-21　针织库

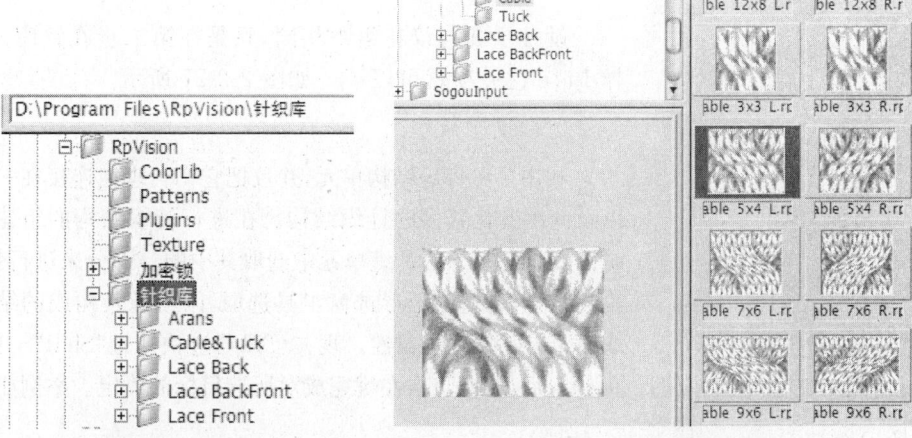

图2-2-22　绞花组织选择

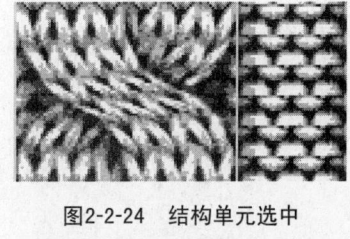

图2-2-23　结构单元放置

图2-2-24　结构单元选中

图2-2-25　纹花组织结构

图2-2-26　设计好的绞花组织

图 2-2-27　Lace 选项

（三）挑花组织

设计步骤与绞花组织相同,只是在第二步在针织库中选择 Lace 这一项就可以了。如图 2-2-27 所示。

（四）复合组织

利用多种针织结构单元,并且把它们合理地连接在一起,可以设计出变化繁多的针织结构。在进行针织结构的组建时,有时需要从已打开的针织单元中选取其中的一部分来进行针织结构的组合,若单用矩形选窗工具选取,因不懂其构成的结构,选取时带有一定的盲目性。现在可以通过快捷键"Shift"＋鼠标的左键单击来完成选取,当选取的目标确定后,再次点击左键完成对所选目标的确定。举例如下：

1. 读入的针织单元如图 2-2-28 所示：

　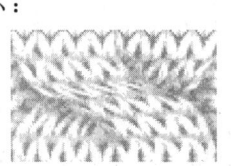　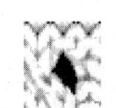

针织单元(1)　　　　　针织单元(2)　　　　针织单元(3)

图 2-2-28　针织单元

2. 将上面的三个针织单元放置在一起,连接在一起的针织单元的针数必须相同,如图 2-2-28 中针织单元(1)与针织单元(2)都为"8×6"绞花结构,可以直接连接在一起;而针织单元(3)的针数为"3×4",所以必须通过图像循环命令将针织单元(3)循环,使之能与前两个单元相连接。然后根据所需将三个针织单元定义在矩形选窗内,并通过图像循环命令循环,显示如图 2-2-29 所示的针织结构。

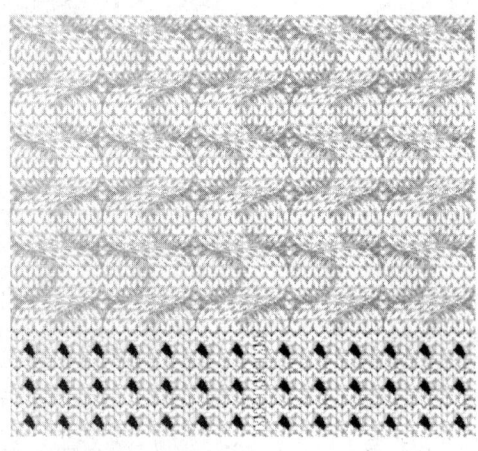

图 2-2-29　复合组织

3. 针织单元间的连接完成后,可以通过针织命令中的针织密度来设置针织结构的松紧比例。最后通过针织图像命令设计完成图像转换。

三、夹花纱设计

系统提供了夹花纱设计工具,可以模拟单根毛纱中不同颜色纱线的比例配置,形成夹花纱。

点击导航比例号"S",进入针织模拟窗,在颜色面板上选择某个颜色,再点击夹花纱设置命令,弹出夹花纱设置对话框,如图 2-2-30 所示。

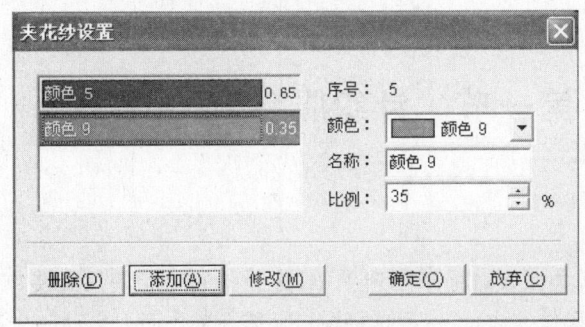

图 2-2-30　夹花纱设置

对夹花纱进行设置,颜色面板上选中的颜色变为带有夹花纱的针迹,如图 2-2-31 所示。用配好色的夹花纱来设计各种针织面料,效果如图 2-2-32 所示。

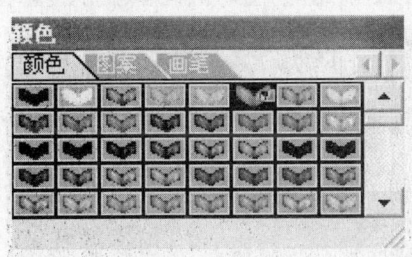 

图 2-2-31　夹花纱针迹　　　　　　　图 2-2-32　夹花纱针织效果

四、针织模拟效果

如今的针织面料也会采用多种后整理方法,如磨砂处理,使得线圈结构的清晰度和明暗度发生变化。本系统提供了 4 种针织面料的模拟效果。

点击 针织模拟参数命令,弹出针织模拟参数设置对话框,如图 2-2-33 所示。

针织模拟参数命令可调整亮度、色度、磨纱效果、混纱颗粒大小。设置完成后,两种面料效果的比较如下图 2-2-34 所示。

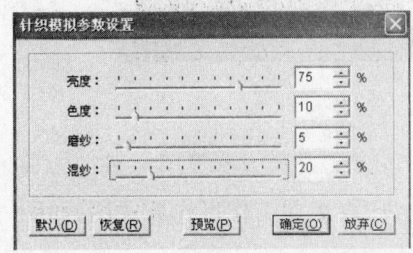 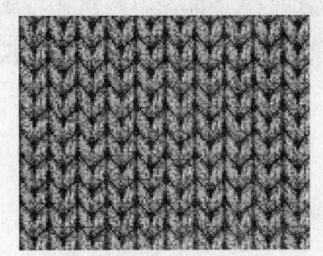 

图 2-2-33　针织模拟参数设置　　　　　　　图 2-2-34　效果对比

第三章 针织服装款式 CAD 设计应用

第一节 针织服装款式图设计

一、作图前提

系统打开后,启动开关面板对称画图选项(对称画图的功能使只需要作右边一半的款式图,另一半由自动镜像复制操作完成)。然后选择窗口功能在工作面上启动一个黄色定义窗口。

黄色定义窗口的作用是辅助对称作图,对称作图的基准线是以黄色定义窗口左边线为基准线,如图3-1-1所示。

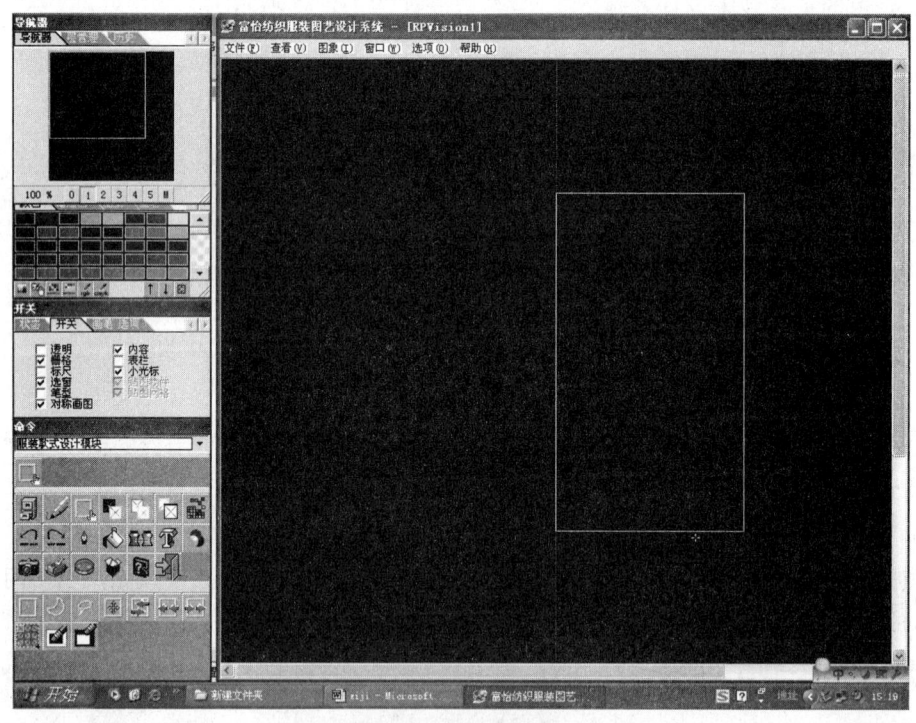

图 3-1-1 对称作图窗口

二、基本款式图制作

作图前提准备好后,选择绘图功能子命令"直线"或"曲线"直接在工作区作款式图,如图3-1-2所示。

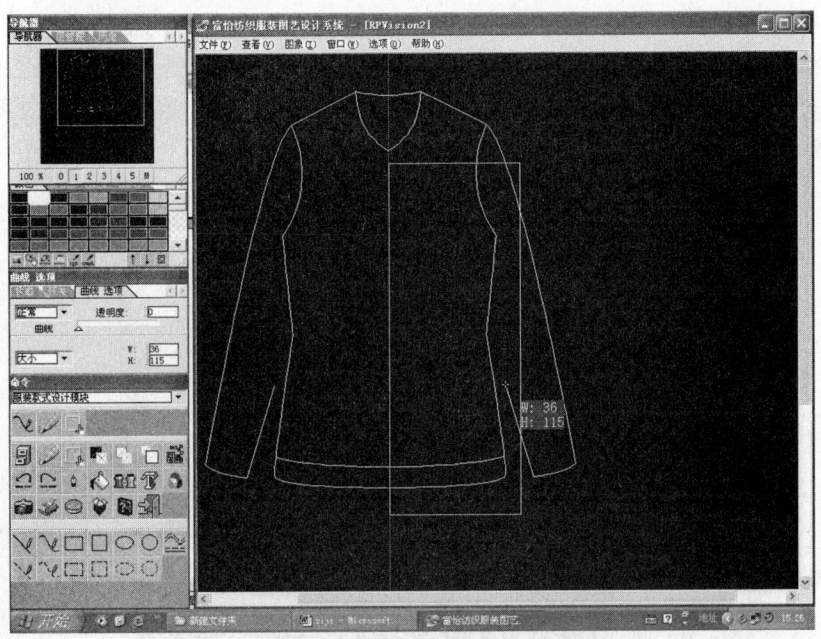

图 3-1-2　基本款式图

三、增加平面款式图内的元素

以做条格为例,选择绘图子工具"矩形"或"方形"做最小的花型单元,也可用图案循环或复制功能将单元做完整,如图 3-1-3 中右上角小图所示。最小单元完成后,选择填充功能子命令"图案填充",将图填到平面款式图内,效果如图 3-1-3 所示。

图 3-1-3　款式图案填充

以花卉类为例：用绘图功能子命令"绘折线"和"图层"或"路径"功能将资料花卉的轮廓描出来，轮廓封闭后可以直接用填充功能将封闭的部位上色或填入芝麻点、格条。最小单元操作完毕后，可直接将单元采用填充功能的子命令"横向移位填充"填入平面款式图内，效果如图3-1-4所示。

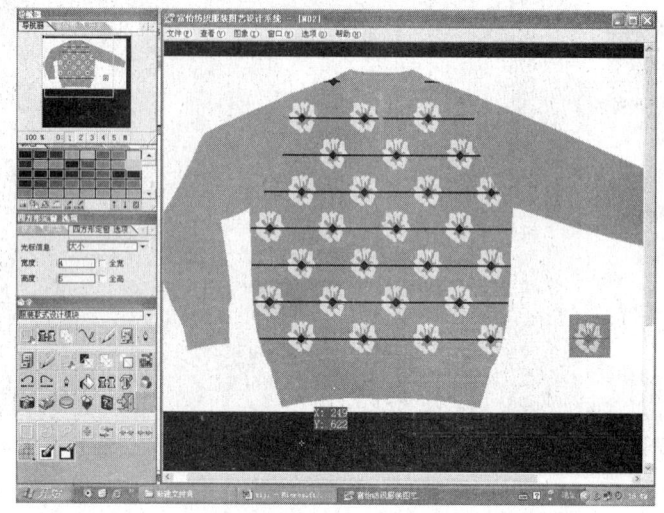

(彩)图3-1-4　花卉填充

第二节　针织服装效果图设计

一、位图作图模式

采用这一模式，在软件系统中可以借助图层，将效果图表达得淋漓尽致。

1.将模特造型从资料库调出来后，打开图层面板，用"新建"功能建立新的图层，如图3-2-1所示。

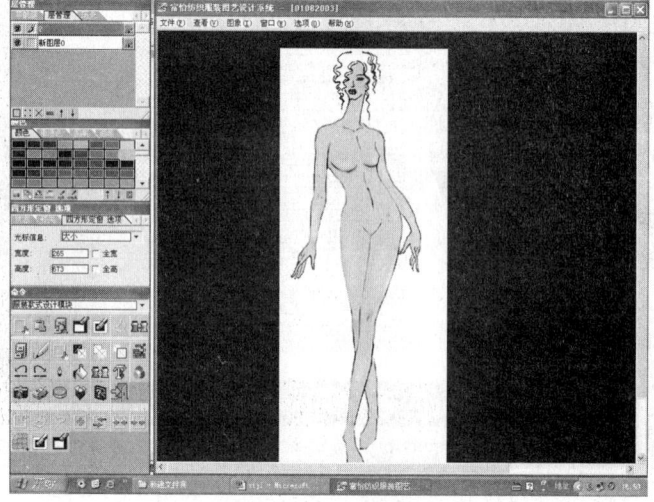

图3-2-1　建立新图层

2. 选择绘图功能 在新建的图层上，根据模特的造型通过绘图功能制作款式图，款式图制作完毕后，可以利用颜色填充或图案填充将图案元素填入款式图内。操作方法同"针织服装款式图设计"一节的介绍，整体效果如图 3-2-2 所示。

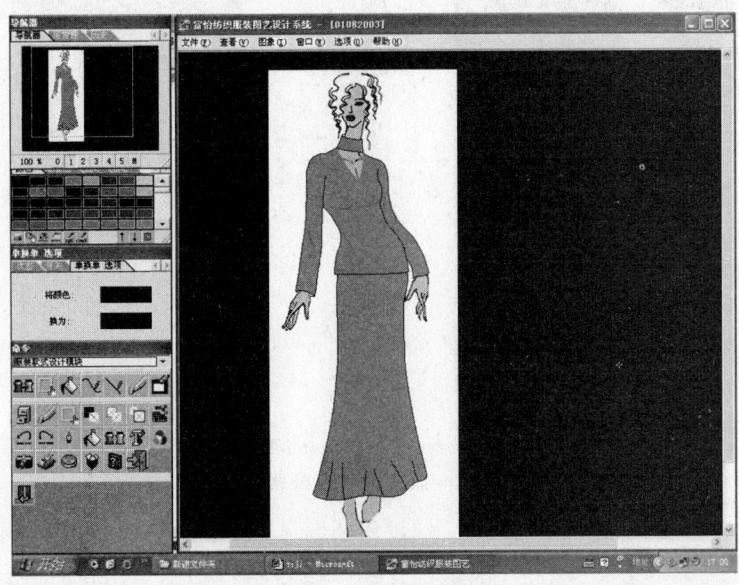

图 3-2-2 款式图

二、矢量作图模式

1. 用矢量作图模式比较简单。将模特造型从资料库调出后，可直接点路径功能子命令"折线"或"曲线"，根据模特造型直接绘制款式效果图，如图 3-2-3 及图 3-2-4 所示。

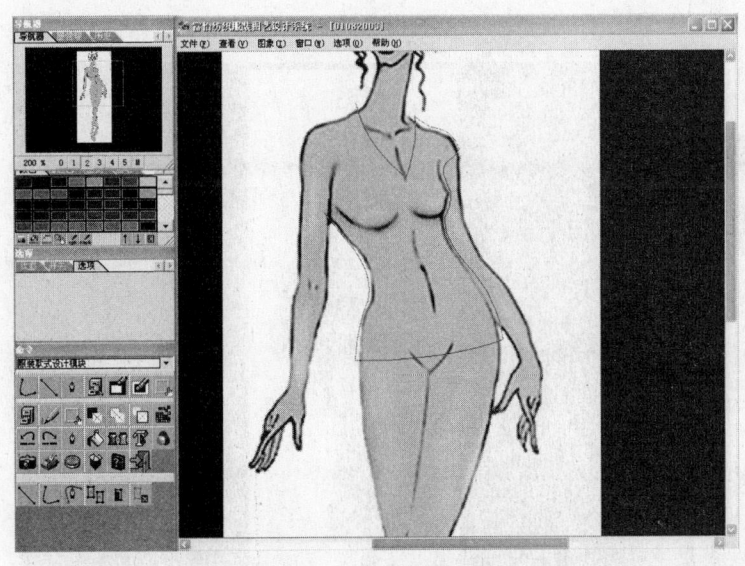

图 3-2-3 款式效果图局部

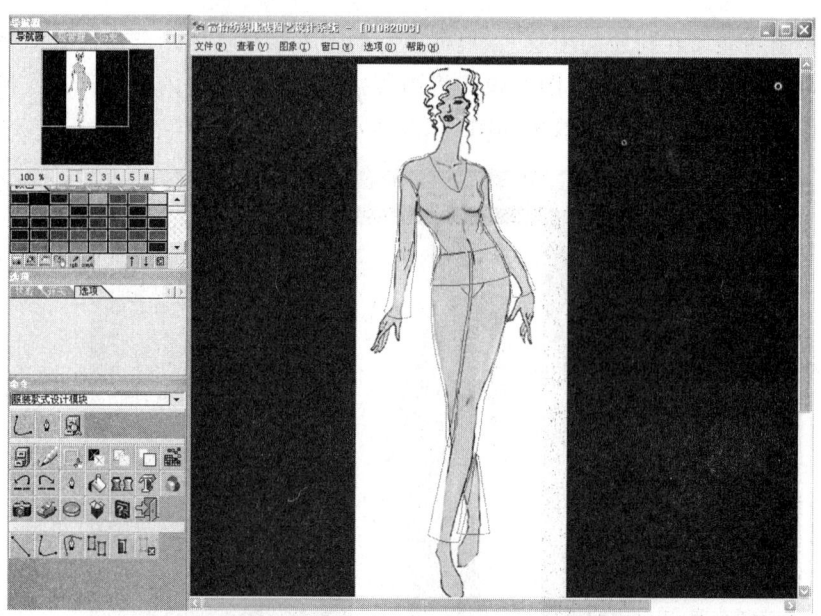

图 3-2-4　款式效果图整体

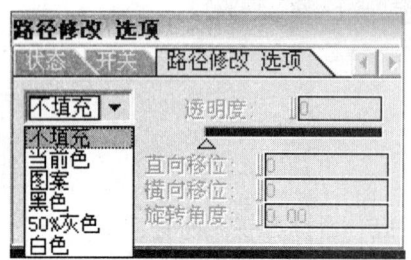

图 3-2-5　路径修改

2. 框架绘制成功后,选择"路径修改"功能,将款式图进行修饰。选择路径功能后,点所需要填入的颜色或图案的框架板块,被选择的框架四周出现方节点后,在路径选项面板上(见图 3-2-5)选择需要填充的元素,随即所选的部位直接按照要求填充所需要的元素,整体效果如图 3-2-6 所示。

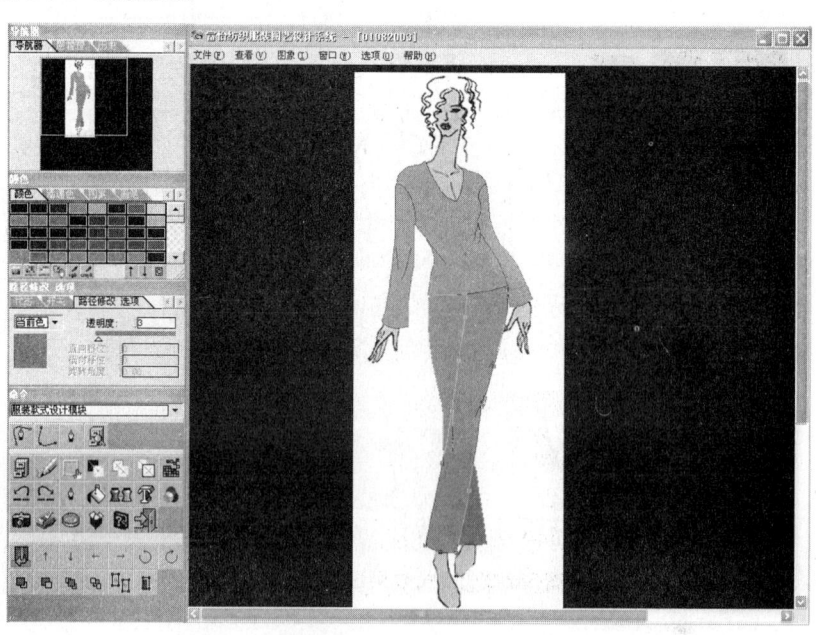

图 3-2-6　矢量作图模式效果图

第三节　图艺 CAD 设计实例及工具使用技巧

一、针织服装设计中的异料镶拼设计

毛衫内衣外穿化的发展使人们更加注重其个性化、时装化与高档化,这就对毛衫设计提出了更高的要求。使用异料镶拼是针织服装设计中常用的装饰手法,它利用面料不同性质、不同外观效应的合理搭配,使服装实用之外更具装饰功能。为了突出装饰效果,很多设计师将时装裁剪的轮廓和元素运用到毛衫设计中,为毛衫增添了新的活力。常用的镶拼设计手法有:毛衫＋针织、梭织布;毛衫＋皮革;毛衫＋丝绸及毛衫与其他新型材料的混合设计。其中,皮革可衬托出毛衫复古和怀旧的情怀;丝绸则体现了服装整体的飘逸与柔美。

二、CAD 设计异料镶拼针织服装

1. 利用针织面料设计模块将针织面料的效果图设计出来,如图 3-3-1 所示。

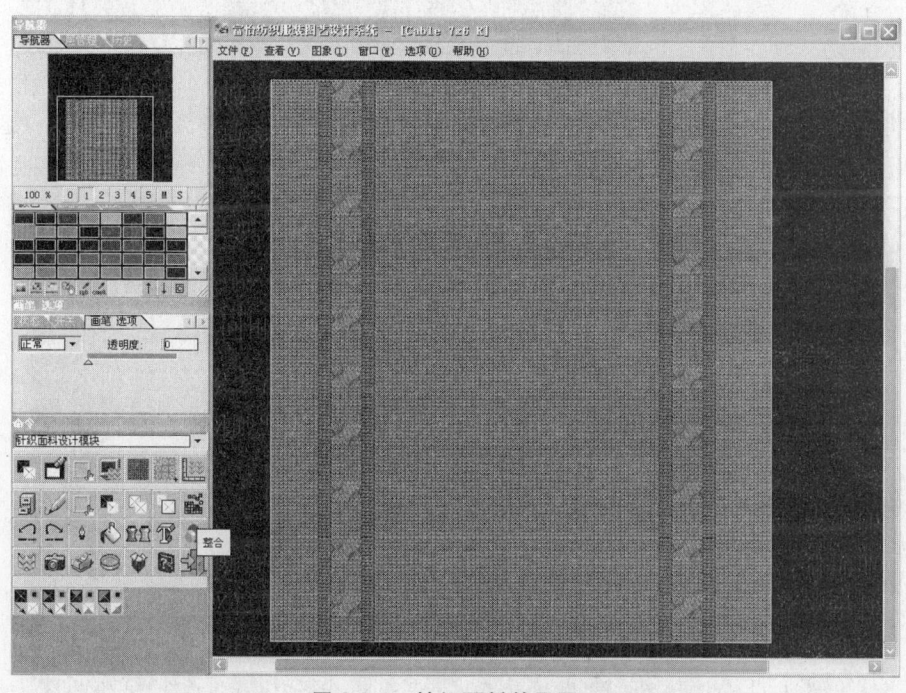

图 3-3-1　针织面料效果图

2. 进入梭织面料设计模块,将梭织面料的效果图设计完成,如图 3-3-2 所示。

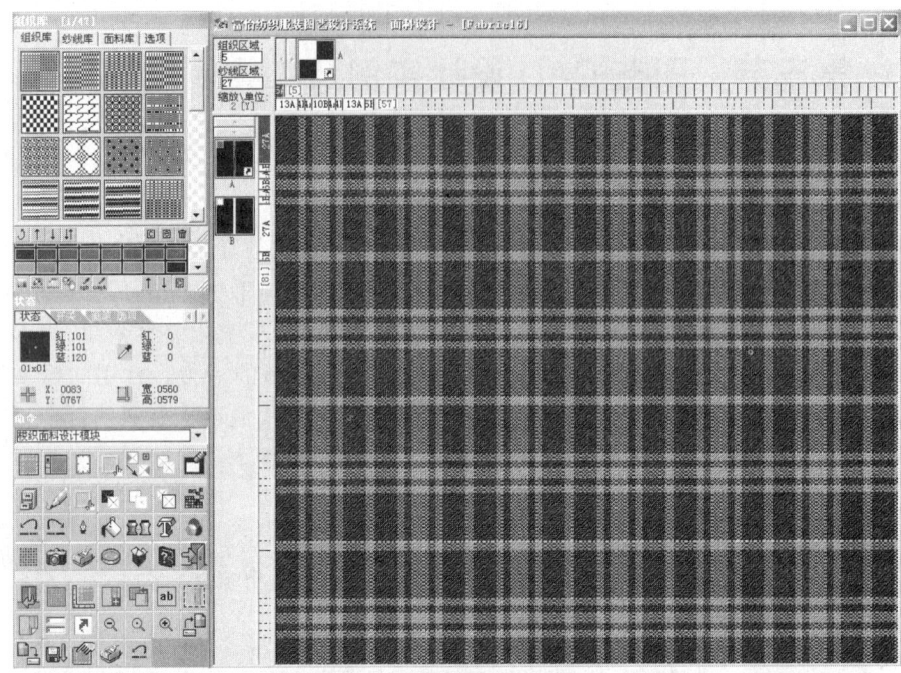

图 3-3-2 梭织面料效果图

3. 将面料取出桌面后通过移动和复制功能将针织和梭织两种元素结合在一起,如图 3-3-3 所示。

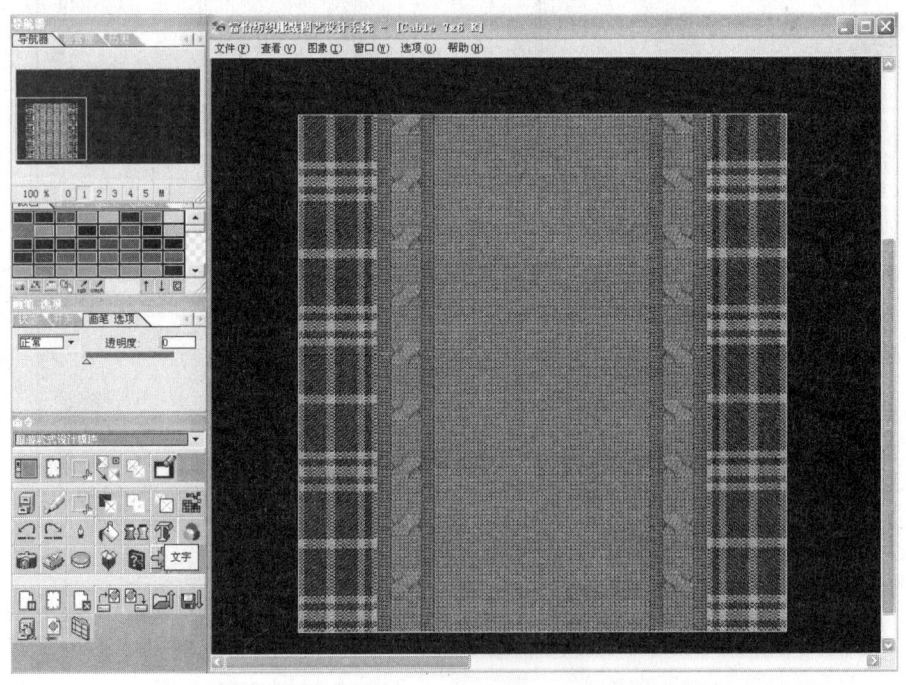

图 3-3-3 面料拼接

4. 将设计成功的面料直接通过立体贴图模块套于模台上,效果如图 3-3-4 所示。

图 3-3-4　镶拼设计效果

三、针织服装设计中的装饰设计

毛衫的装饰设计很丰富也很重要。局部装饰的方法很多，除印花、烫印、珠绣外，还有贴花、彩绣、手绘、蜡染、扎染等，只要运用恰当，与服装整体协调，都能起到锦上添花的作用。另外，通过添加装饰配件，在式样平淡的服装上巧妙地添加各种装饰品，如花边、饰带、流苏、腰带以及拉链、钮扣、饰钉、钩卡等，就能打破平淡单调的气氛，在平面与立体的对照中使服装增添醒目、活泼与华丽的装饰风格。其中，局部装饰图案的位置应根据款式造型的要求来决定，可以在领口、领角、前胸、肩部、背部等处；图案内容可以是文字、字母、人物、草木、花卉等。

四、CAD 设计印花针织服装

1. 从资料库调出需要做印花的素材，取到工作面，如图 3-3-5 所示。

(彩)图 3-3-5　调取印花素材

2.印花分色模块 点击 ❋ 印花下子命令 ❋ 印花分色,选择 📄 调入图像功能子命令,使放在工作面上的图片进入分色工作面。选择分色模式 [分色模式:CMYK/RGB/CMYK] 后点击 分色,颜色分色完毕后勾掉"显示原图"项,使 ☑显示原图 变成 ☐显示原图,再在 ☐C ☑M ☑Y ☐K 颜色选择面板上选择需要留下的颜色,使上图处理成如图3-3-6所示的效果。

图3-3-6 分色处理效果

3.与针织结合 进入针织面料设计模块,导航器进入"S"显示针织效果后,选择一块针织区域将针织面料通过 🖼 针织图像功能,调入位图状态(如图3-3-7所示)。

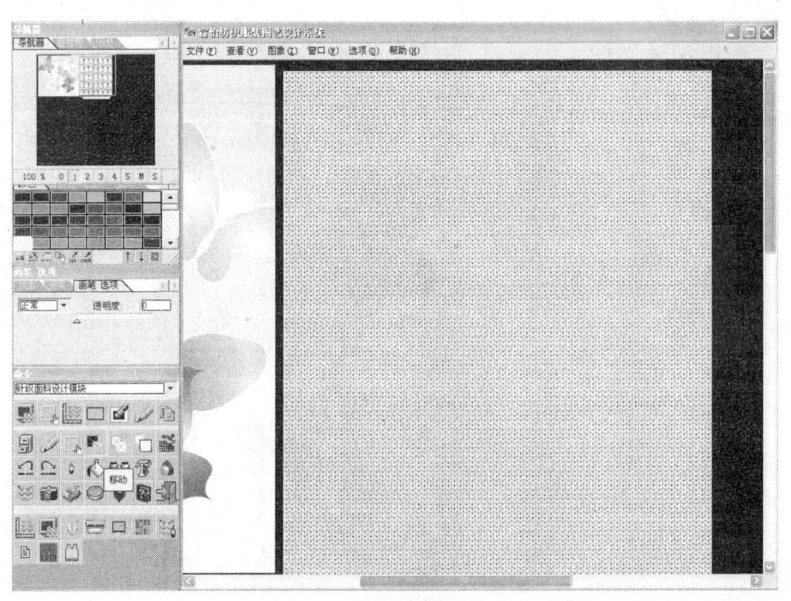

图3-3-7 针织面料位图状态

4. 结合立体贴图模块将印花图片直接贴于针织面料上,如图 3-3-8 所示。

(彩)图 3-3-8　针织面料印花效果图

第四节　针织服装立体贴图设计

立体贴图的进行是建立在人体三维基础上的,要使立体贴图达到满意的效果,首先要对人体三维造型和服装的立体概念有所了解。人体是一个特定的立体,它由四个面(前面、后面、两个侧面)和胸、腰、臀的曲线组成。从正面看,腰部上下由两个梯形箱体组成;从侧面看,胸部前隆、臀部微后翘,形成优美的曲线。就服装设计而言,一件具有立体感的服装,应与人体特征相符合。正确地认识人的体形特征,有助于加深对服装立体性的理解,明确人体对时装效果图的基本要求。

三维立体贴图提供了一个将二维面料转换成三维服装的途径。它可以表现同一款式、不同面料的二维外观效果图像;也可以在照片上立体展示。下面以一个实例来介绍立体贴图模块的各种工具及运用技巧。

贴图设计命令如下:

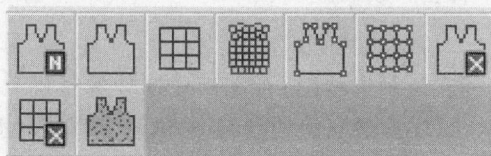

(彩)图 3-4-1　打开图像

一、新建物件

新建物件

其过程就是在衣片上建立一个独立的物件,与设定一个线段选窗相似。

①在文件管理中打开图像,执行立体贴图的图像大多来自文件管理库中存有的图像,如图 3-4-1 所示。

②选择该命令,通过直线或曲线精确地画出衣片的边界(功能键 F3 可实现曲线/直线的转换、矩形/正方形的转换、圆形/椭圆的转换)。用直线绘制衣片边界时,可由该衣片边界上的任意一点开始,点击鼠标左键,然后将光标移到边界另一端,再次点击左键,完成对边界的直线绘制后,点击鼠标右键结束。选择曲线绘制边界时(功能键 F4 实现曲线中拉与终拉的转换),也可在衣片边界上的任意一点开始,在边界处点击鼠标左键,然后移动光标至边线另一端,点击左键,并在两端间的任意位置绘制曲线的形状使其与衣片的边界相同,再次点击左键,完成对边界的曲线绘制后,点击鼠标右键结束。

注:

①在对图像进行边界绘制过程中,有时不能精确地画出目标图像的边线,可以通过快击键"Z"键实现恢复或修改。单击"Z"键,直线或曲线从当前返回到前一处,多次单击可恢复到新建物件的初始处。

② 执行贴图的物体大多数来自现有的图片,也可以通过扫描仪将选择的照片录入富怡系统的绘图区,如果文件管理内有合适的图片,可直接读入到绘图区。

添加物件

需要对目标图像进行多次绘制边线时,可在新建物件的基础上,再选择该命令,来实现对目标图像的绘制。该命令可多次进行绘边线,其边线颜色以蓝色显示为当前的状态,与新建物件作用在同一状态下,是新建物件的有效补充。

例如要对图 3-4-2 所示的服装绘制边线,步骤如下:

①用🏠新建物件命令对图3-4-2中的上衣进行绘制边线。边线颜色显示为蓝色如图3-4-2所示。

②用🏠添加物件命令对图中裙子进行绘制边线,颜色同上衣一样为蓝色(在立体贴图模块中边线以蓝色显示的为当前状态)。

③完成边线的绘制后,将转入网格的添加。

🏠 **修改物件**

修改影响立体贴图边线效果的物件,可修改新建物件或添加物件的边线。

在立体贴图的子菜单选择该命令,将光标移到新建物件或添加物件的边线处,边线显示为有小方格的边线,移动光标到所需修改的位置,点按小方格并拖动到合适的位置。再按一下确定第二个小方格,移动光标直到对新的物件满意为止。

🏠 **删除物件**

在子菜单内选择该命令,可删除定义的网格和目标物件。

①在子菜单中选择该命令。

②移动光标到新建物件或添加物件的边线处,点击鼠标的左键将删除全部网格和目标物件。

注:对新建物件或添加物件的删除,只能通过🏠命令来实现。

图3-4-2 绘制边丝

二、添加网格

(一)手动添加

在图3-4-2所示的状态下,从子菜单中选择⊞添加网格命令,显示命令子菜单。

①将光标移到绘图区图像处,点击鼠标左键并拖动光标,出现一个矩形窗。

②沿着矩形的对角线方向拖动鼠标,当确定定义物体已被选中时,点击鼠标左键结束添加网格。

定义的网格显示如图3-4-3所示,注意必须把物体定义在网格之内。

⊞ **移动网格**

在网格子菜单中选择该命令。可在网格的任一位置进行移动。

移动网格方法:网格线交接处的网点上点击鼠标左键,小方格以红色显示。按住左键并拖动光标到所需的位置点击左键确定。

◇ **旋转网格**

使用该命令,可在网格的任一位置进行旋转。

图3-4-3 添加网格

旋转网格方法:在网格线交接处的网点上点击鼠标的左键,小方格以红色显示,并出现一条与网点平行的直线,左键点按直线,旋转所需的角度,再次点击左键确定。

⊞ 调整网点

选择该命令,将光标移到网格的网点处,网点显示为红色,点按鼠标的左键,移动网点到所需位置时再次点击左键,根据需要可对任一网点进行调整,通过对网点的调整使图像的立体效果更加明显。在添加好网格的基础上,通过调整网点命令调整网格处的网点,更好地体现出服装的皱褶、阴影的效果,如图3-4-4所示。

图3-4-4 调整网点

⊞ 增加行

在子菜单中选择该命令,移动光标到网点处,网点显示为红色,点击鼠标的左键添加一条网线,也可以多次进行添加网线。

⊞ 增加列:此命令与增加行命令相同,不同的是增加列命令操作的最后是增加一列。

⊞ 增加行列:在子菜单中选择该命令,在网格中增加一行与一列。

⊞ 移动行:在子菜单中选择该命令后,将光标移到所要移动网线的网点处,点按鼠标的左键拖动光标到所需的位置,再次点击左键确定。

⊞ 移动列:选择移动列命令,将光标移到所要移动网线的网点处,点按鼠标的左键拖动光标到所需的位置,再次点击左键确定。

⊞ 移动行列:在子菜单中选择该命令后,将光标移到所要移动的网线行列交接的网点上,点按鼠标的左键拖动光标到所需的位置,再次点击左键确定,完成行列的移动。

⊞ 删除行:选择该命令后,将光标移到所要删除的网线上,点击网点,网线被删除。

⊞ 删除列:操作与删除行相同,删除列命令的最后结果是删除一列。

⊞ 删除行列:选择该命令,移动光标到所要删除行列的网线处,点击网点实现行列的删除。

(二)自动添加

选择 ▦ 添加网格-2命令,其子命令与添加网格-1命令的子命令相同,在此不作重复的介绍。

对于添加网格-2命令,网格的生成是建立在图像物件的基础上,但与添加网格-1命令不同的是:建立的物件须为新建物件或添加物件,而不能同时对新建物件和添加物件进行添加网格。

添加网格-2命令的使用方法:

1.添加网格-2命令网格的生成不同于添加网格-1命令。在添加网格-1命令中,必须拉出一个矩形的网格,定义衣身的胸线、腰线等,然后再调节网格的轮廓线使其外形与所建的物件相近,最后还要微调网点;而在添加网格-2命令中,只需要在已有的物件上定义所建网格的四个端点,自动生成网格,不必做太多改动,在生成网格后只需对网点做适当的微调即可。

2. 端点的位置关联到网格生成的效果,在此侧重介绍一下生成网格的四个端点的定义方法。以物件的四边交点为端点,定义的四个端点分别位于模特的肩线、侧缝线及腰线相交处,如图3-4-5中四角的圆圈。完成四个端点的定义后,模特上的网格自动生成,只需对网点做适当微调即可。

3. 从图3-4-5中可以看出,运用添加网格-2命令生成的网格是由端点决定的,两个端点间的网格轮廓线影响网线的走向。网格是由四个端点所构成,而端点的位置、顺序的不同也同样影响着贴图的图案效果,在四个端点中起决定作用的也就是影响贴图的图案效果的端点为第一、第二个端点。可用上图的模特为例,以图例的方式说明首要二个端点对贴图图案效果的影响。

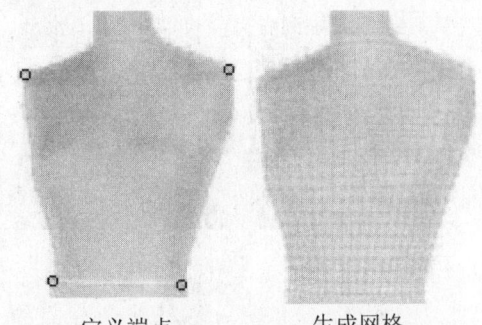

图 3-4-5　运用添加网格-2命令生成的网格

(1)在已有物件的模特上进行网格端点的设定。设定端点的方式是从左到右,从上到下的顺序,也就是说网格的第一个端点设定在肩线的左边,第二个端点设定在肩线的右边,第三个端点设定在腰线的左边,最后一个端点设定在腰线的右边。用这种方式设定端点产生的网格与添加网格-1命令设定的网格相同,贴图效果如图3-4-6所示。

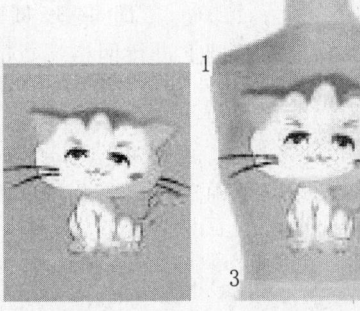

图 3-4-6　贴图效果

(2)若设定端点的方式为从右到左、从上到下的顺序,或从左到右、从下到上,或从右到左、从下到上的顺序,则贴图效果显示如图 3-4-7 所示。

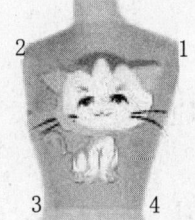
从右到左、从上到下

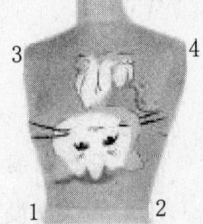
从左到右、从下到上

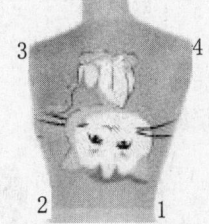
从右到左、从下到上

图 3-4-7　贴图效果

(3)若设定端点的方式按从上到下、从左到右的顺序进行设定,即第一个端点在肩线的左侧,第二个端点在腰线的左侧,第三个端点在肩线的右侧,最后一个端点在腰线的右侧,按此方式设定端点,贴图效果显示如图3-4-8所示。

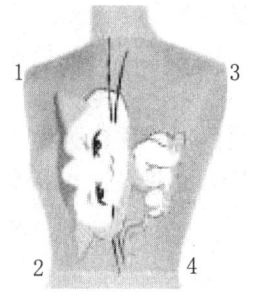

从上到下、从左到右

图3-4-8　贴图效果

（4）同样,设定端点的方式是按从上到下、从右到左,还是从下到上、从左到右,等等,都会产生不同的贴图效果,在此不一一作图例介绍。

注：

①端点的定义以第一、二个端点为标准,而第三、四个端点的作用为生成网格而设定的,它不影响贴图效果。

②添加网格-2命令中端点的设定决定着网格内网线的走向,所以在对西服、圆领、"V"字领等网格轮廓线凹凸较明显的物件,不能只设定四个端点,要通过添加辅助物件来更好地生成网格,也就是说在已有的物件基础上通过添加物件,把凹凸较明显的部位变得缓和,如图3-4-9所示的圆领装。

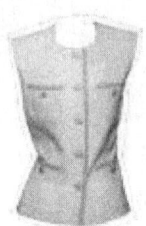 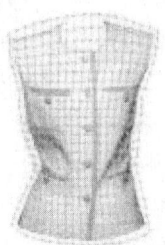 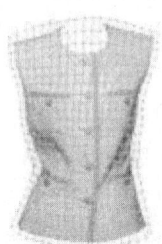

添加辅助物件　　　在辅助物件上生成网格　　　删除辅助物件

图3-4-9　圆领装添加网格-2的效果

在辅助物件的基础上进行网格端点的设定,生成网格后,可通过删除物件命令删除附加的物件,最后完成圆领装网格的添加。

（三）修改网格

在贴图的子菜单中选择该命令,修改网格命令的子菜单命令与添加网格中的子命令相同,在此不再讲解。

（四）删除网格

在子菜单内选择该命令,可以看到目标网格是如何设定的。

1.在子菜单中选择删除网格命令,在绘图区内将显示所有的网格。

2.移动光标到网格处,点击鼠标左键完成对网格的删除。

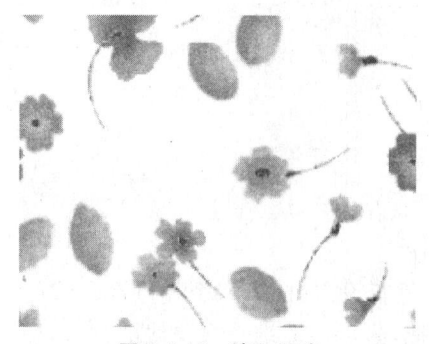

图3-4-10　读入图案

三、贴图

对网格设置完成后,进入立体贴图。

（一）设定图案

用矩形选窗设定图案。同时任何一张点阵图都可以选作图案。可把它扫描进去,也可以从文件管理中读出。如果要选择从文件管理中读出图案,需要如下步骤：

在主菜单的文档中选择文件管理命令。在文件管理中选择所需图案放入绘图区。图片如图3-4-10所示。

(二）贴图

在贴图的子菜单中选择 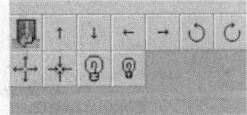 贴图命令，显示如图 3-4-11 所示的贴图选项面板。

在工具选项中显示所选取图案的宽度与高度，选中底纹则表示贴图是在目标图像的底纹状态下进行。不选取底纹选项则贴上去的是读出图案。若选择旋转，则选定的图案可在绘图区内通过鼠标自由转动，当达到所需位置时点击鼠标左键确定，也可以通过在旋转角（度）后的空白处设置旋转度数来达成图案的旋转。在亮度比（％）后的空白处设置所选图案的亮度。

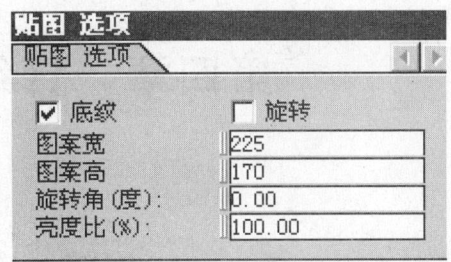

图 3-4-11　贴图选项

完成以上的准备工作后即可开始把读出的图案贴到定义的目标中去。

贴图步骤：

1. 光标移到定义的目标处，同时出现一个 ↑ 标识（选取的图案）。

将光标定位在目标上，点击鼠标的左键放下图案，如图 3-4-12 所示。

2. 处理贴图后的效果。

在选择 贴图命令后在子命令图标区出现子菜单：

↑ 图案向上移动。

↓ 图案向下移动。

← 图案向左移位。

→ 图案向右移位。

↺ 图案向左转动。

↻ 图案向右转动。

✢ 可将贴在目标上的图案放大。

✦ 可将图案缩小。

💡 可将图案的亮度增加。

💡 可将图案的亮度减少。

注：上述的各项命令可根据贴图后的效果进行选择，若贴图后的效果较好，就单击 命令返回到上一级。

图 3-4-12　贴图

第四章 针织毛衫工艺 CAD 设计

第一节 设计工艺单

一、生成工艺单

点击 □ 新建文件,出现工艺数据对话框,根据要求填入数据。工艺数据对话框包括项目明细、款式特征、部位设置、款式尺寸数据库及公式五大部分。按照工艺要求,使用者只进行前四部分的操作即可。

图 4-1-1 所示为项目明细内容。使用者需要输入款式名称、款式代号、成品密度及下机密度,而组织、收夹等各部位的收针方式只需要进行选择即可。

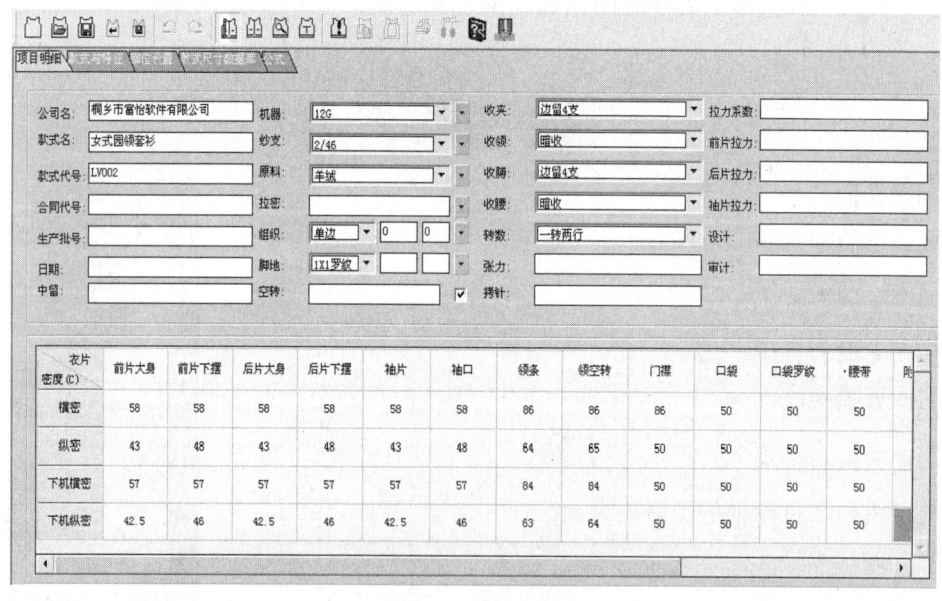

图 4-1-1 项目明细

图 4-1-2 所示为款式与特征的内容,包括有无收腰的选择、开针为奇(偶)针的选择、开叉片的选择、半片选择、平摇部位设置、各个部位段的设置等等。

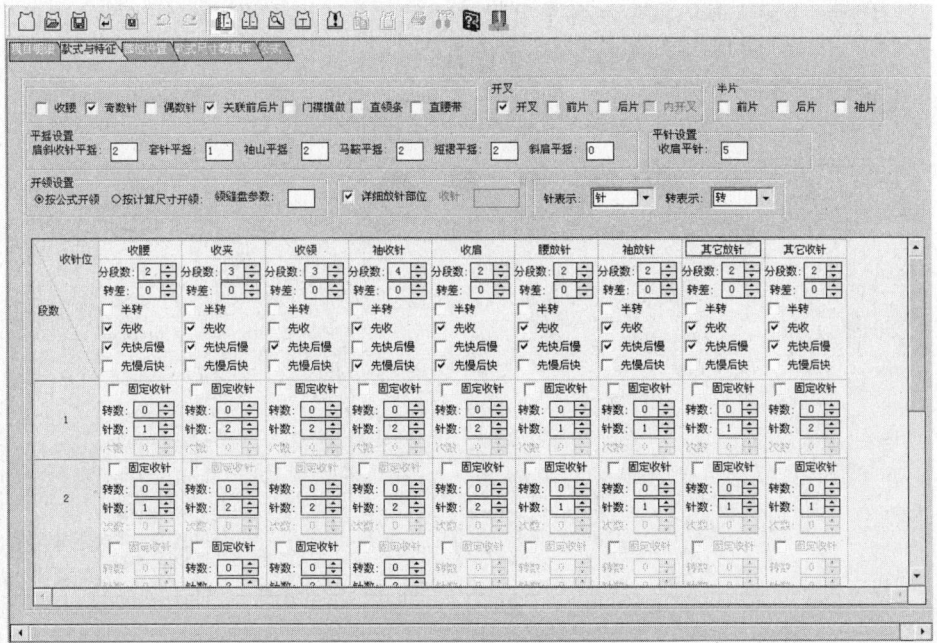

图 4-1-2 款式与特征

图 4-1-3 所示为部位设置内容,主要选择所做工艺需要参与计算的部位。

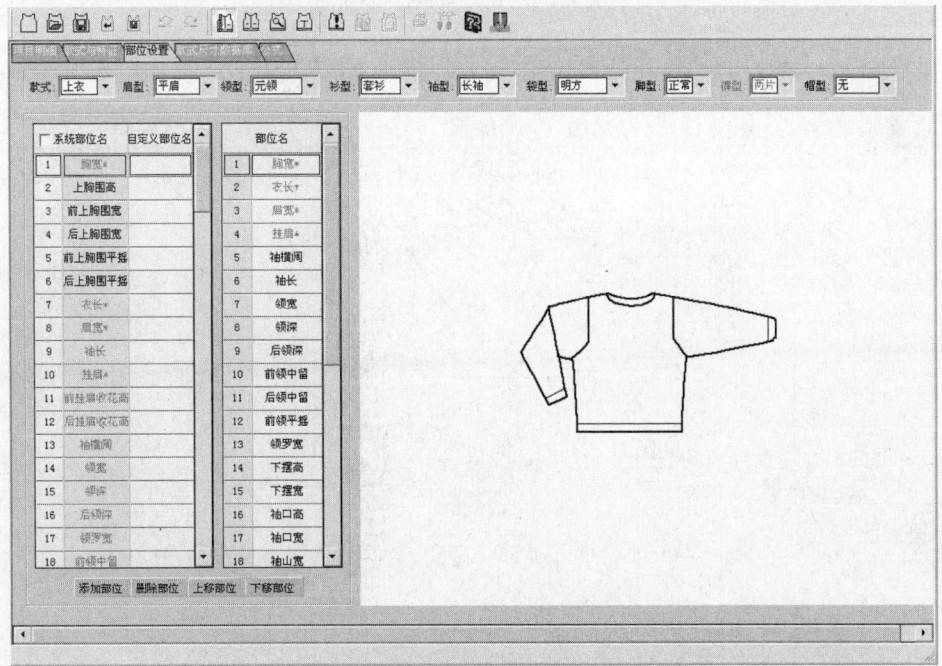

图 4-1-3 部位设置

图 4-1-4 所示为输入具体部位在各个尺码时的尺寸及计算工艺时各个部位的修正值。

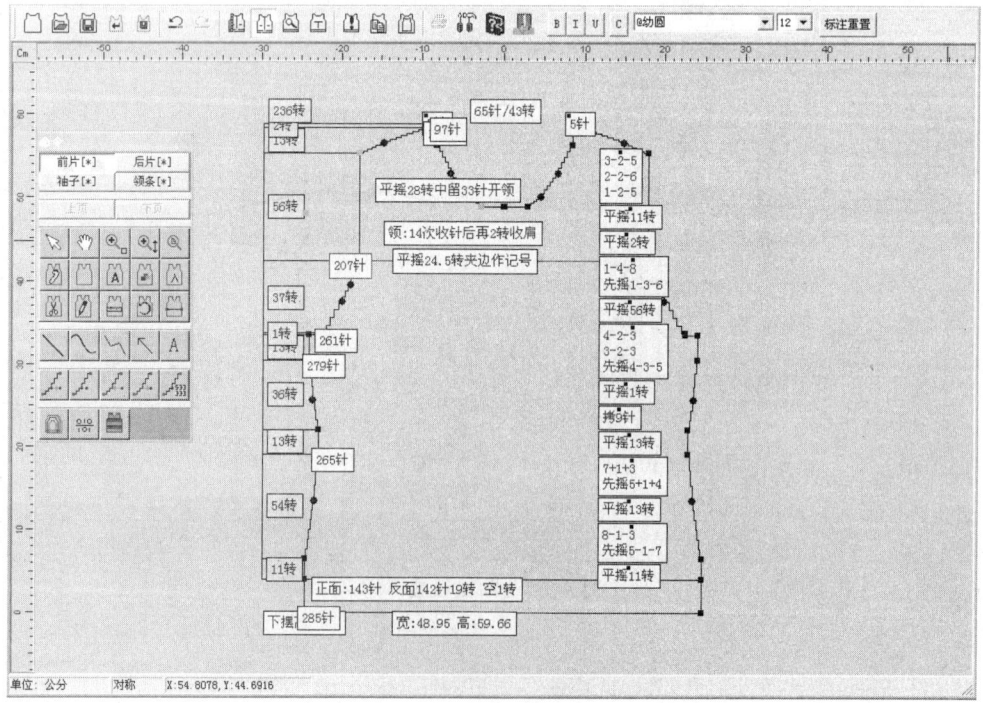

图 4-1-4　尺寸数据库

以上操作完成后点击 计算基码功能，即可形成以下（图 4-1-5）工艺片的工作界面。

图 4-1-5　工艺片工作界面

二、调整工艺单

1. 按照上节内容提示，工艺形成后选择 收放针分配功能，出现如图 4-1-6 所示的收针对话框。图中右边控制命令下，选中详细收针，则按第二章详细设置软件进行自动分配，反之则是根据用户习惯分配；选中先收，代表所计算的部位段先收开始，不选为先摇；选中最优解，软件在计算收针时自动过滤软件认为最满意方案解供用户选择；先慢后快或先快后慢是针对收针方式整体的形状而言，如平肩款收夹为先快后慢，袖收针为先慢后快；转差除"半转收"时，"2"代表 1 转 2 行；段数需要用户设置，选中的部位段需要几段收针，如设置 2 段，段数应该设置为 2，固定栏下显示"1"代表 1 段，"2"代表 2 段，之后针数栏输入第 1 段几针收，第 2 段几针收。

2. 选择需要调整收针方式的部位段，如图 4-1-7 所示。

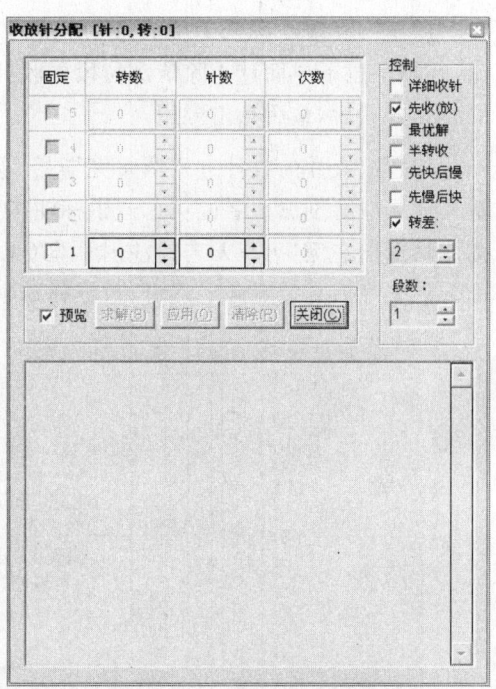

图 4-1-6　收放针对话框

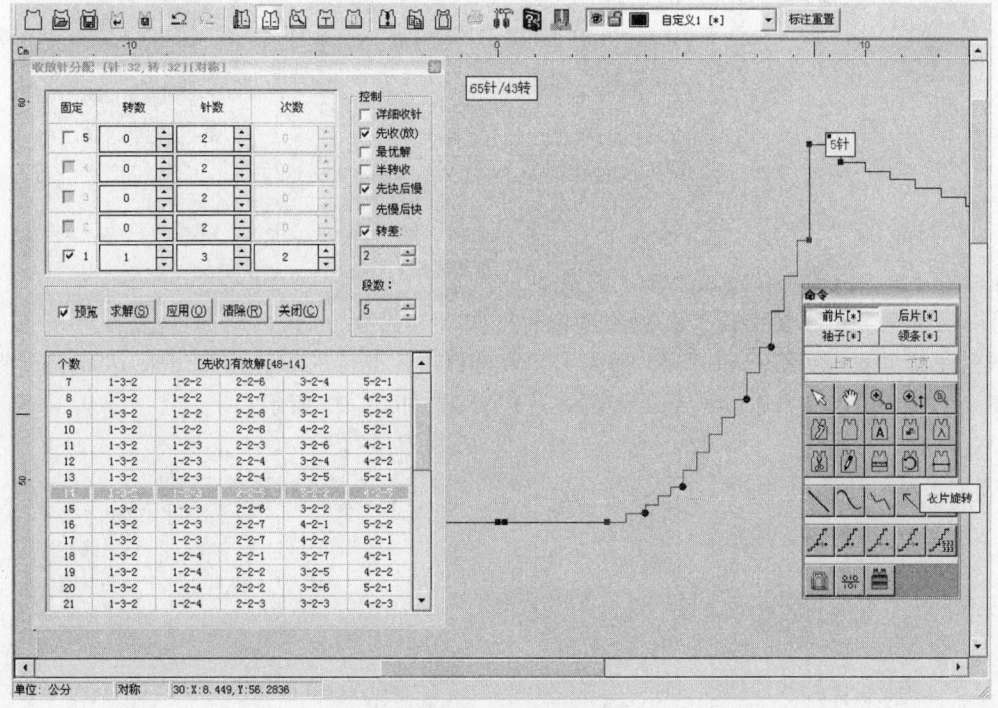

图 4-1-7　领收针调整

领收针需要调整:选择领子收针段头尾两个方点,使两个方点间的段出现红色后,在收针分配中选择需要几段收针,如5段收,在段数位置设置成5,第1段1-3-2固定,因此固定项"1"打"√",其余4段都为2针收,所以在"2、3、4、5"项针数统一设置为"2"后,点击求解按钮,在预览以下界面计算除该部位段的收针方式,使用者可根据自己的工艺经验选择最满意的收针方式后,最后点击应用。

3.各个衣片的收针方式调整完毕后,选择 选取工具将工艺单数据排列整齐,并对有些具体标注特别加文字说明。选中标注按键盘上"Delete"按钮可直接删除多余标注,直接在标注处双击左键,出现工艺标注对话框(见图4-1-8),在其"前缀"和"后缀"内容项输入需要修饰的文字后直接点确定即可,数据移动整齐后的工艺图如图4-1-9所示。

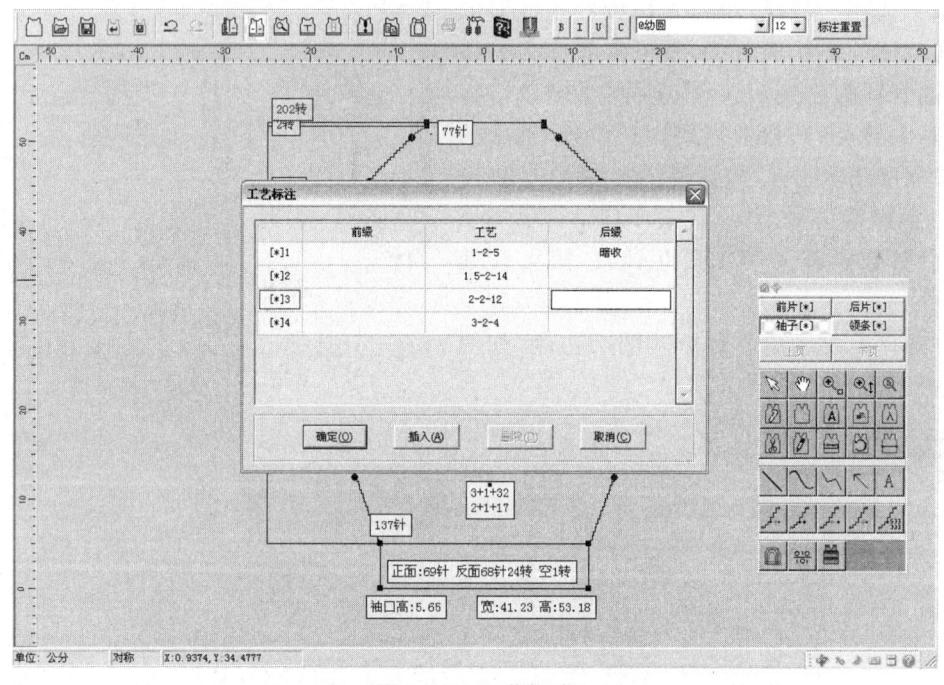

图 4-1-8　工艺标注

4.一张完整的工艺图需要注明具体位置的织针的排列方法,因此选择 排针按钮,出现排针编辑对话框(见图4-1-10)。根据工艺要求将衣片部位的织针排列出来,左键是实针,右键是空针,排完后点确定,放到需要的衣片位置(如图4-1-11所示)。

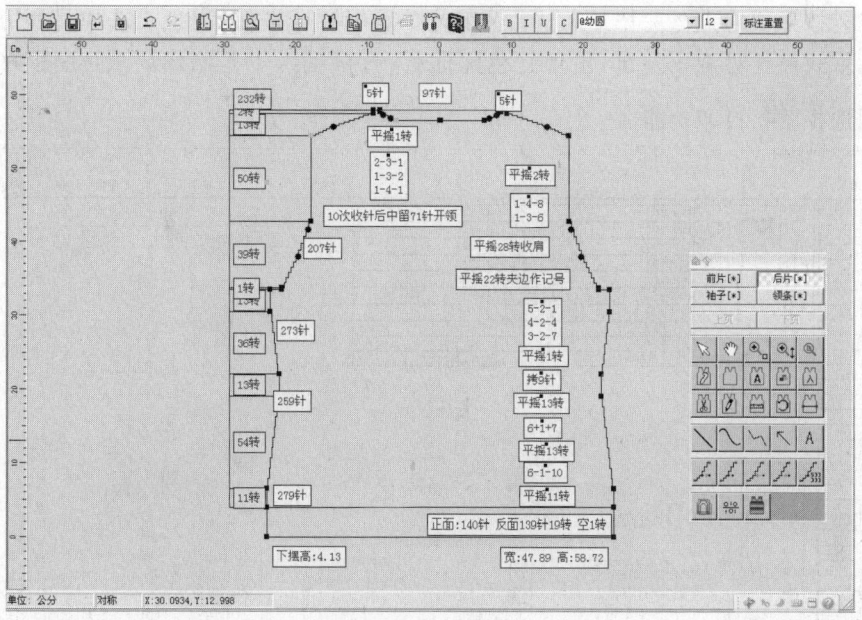

图 4-1-9　工艺图

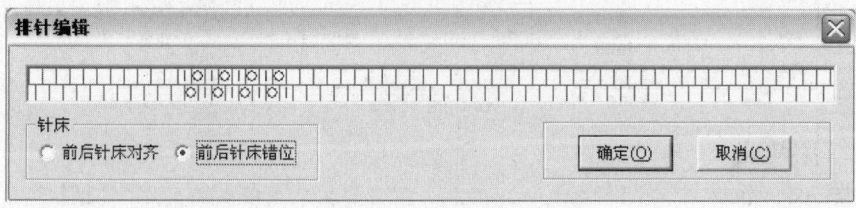

图 4-1-10　排针

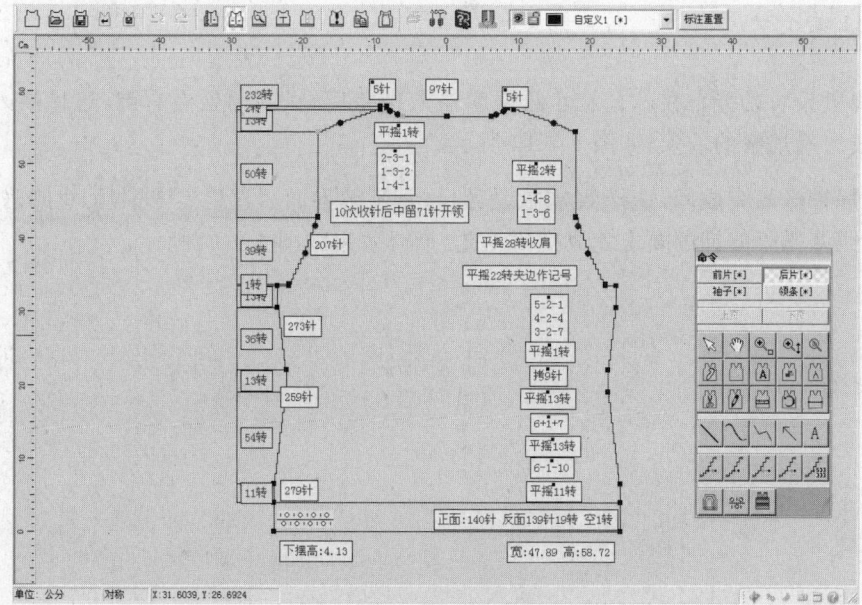

图 4-1-11　衣片排针

5.工艺按照要求调整完毕后,选择 ⬚ 工艺单编辑打印按钮,出现工艺单排版方式,使用者可以在款式备注处双击左键,出现红色虚框后,直接键入工艺制作要求(见图4-1-12),需要打印则选择 ⬚ 打印功能。

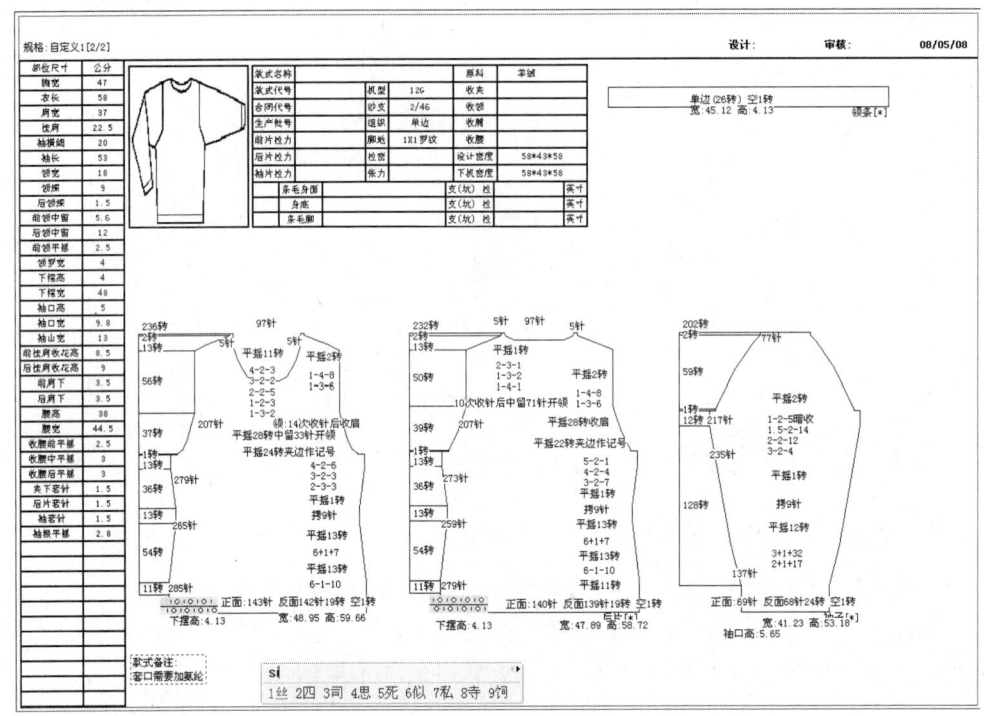

图 4-1-12　工艺单编辑

三、推码工艺

⬚ 参数设置功能　在款式尺寸数据库输入档差后,在基码处点右键,选择插入和添加功能,完成齐码规格的输入,如图4-1-13所示。

齐码规格输入完成后,选择 ⬚ 衣片设计,进入工艺界面后直接点击 ⬚ 尺寸放码按钮,齐码规格按照基码收放针的要求完成推码工艺,推码效果如图4-1-14所示。

第四章 针织毛衫工艺CAD设计

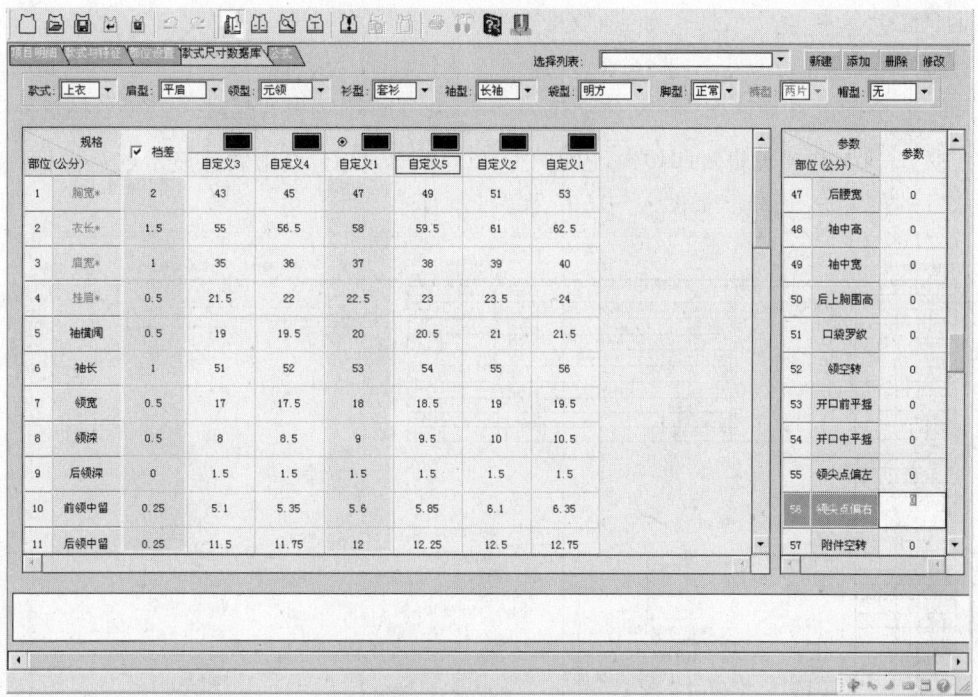

图 4-1-13　款式尺寸数据库

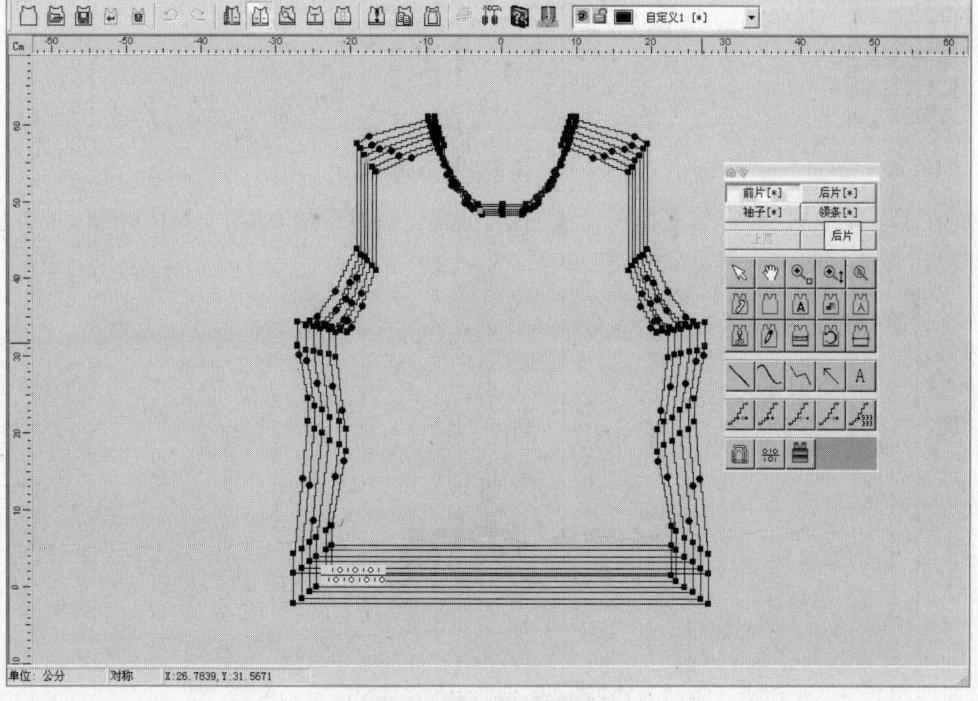

图 4-1-14　推码效果图

四、工艺单设置

1. 工艺单的设置具体在 ▢ 新建功能界面下，在项目明细内容里键入公司名称。

2. 选择 ▢ 工艺单编辑打印按钮，出现工艺单排列效果图，点击衣片显示红色虚框线后，可对衣片的位置进行移动，如图 4-1-15 所示。

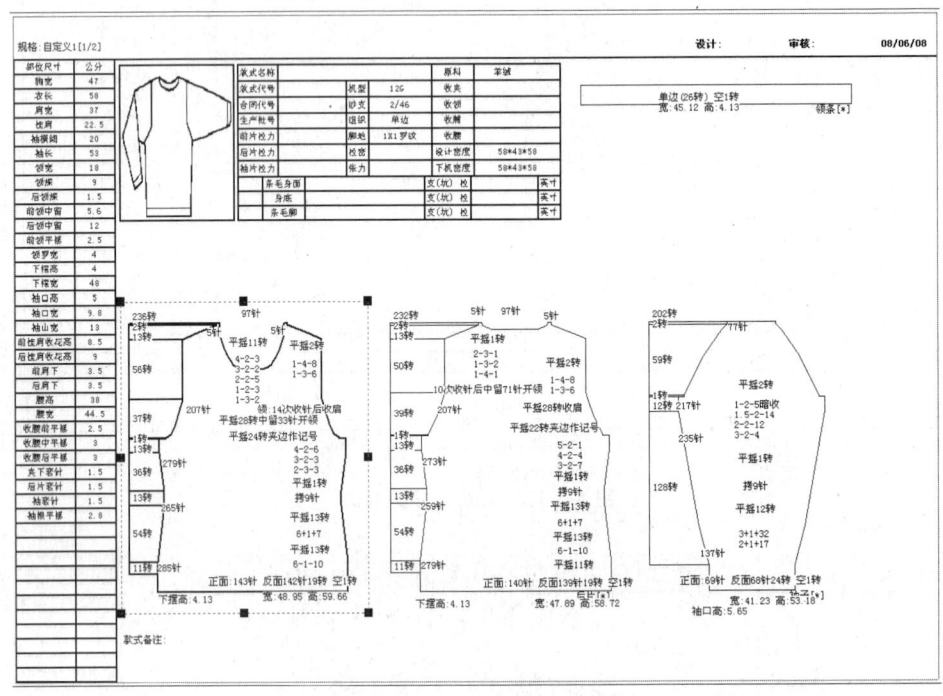

图 4-1-15　工艺片位置移动

3. 在工艺单编辑状态下，选择 ▢ 设置按钮，出现设置对话框，如图 4-1-16 所示，对工艺单进行设置，需要打印的打勾，反之不打勾。

图 4-1-16　打印设置

五、间色工艺

1.需要制作间色工艺的衣片通过 ![] 排针图引出,将工艺图引出到富怡纺织图艺设计系统界面(如图 4-1-17 所示)。通过第三章第一节针织服装款式图设计的制作方案,将格条单元填充到衣片(如图 4-1-18 所示),将通过窗口功能完整选中后,进入工艺系统。

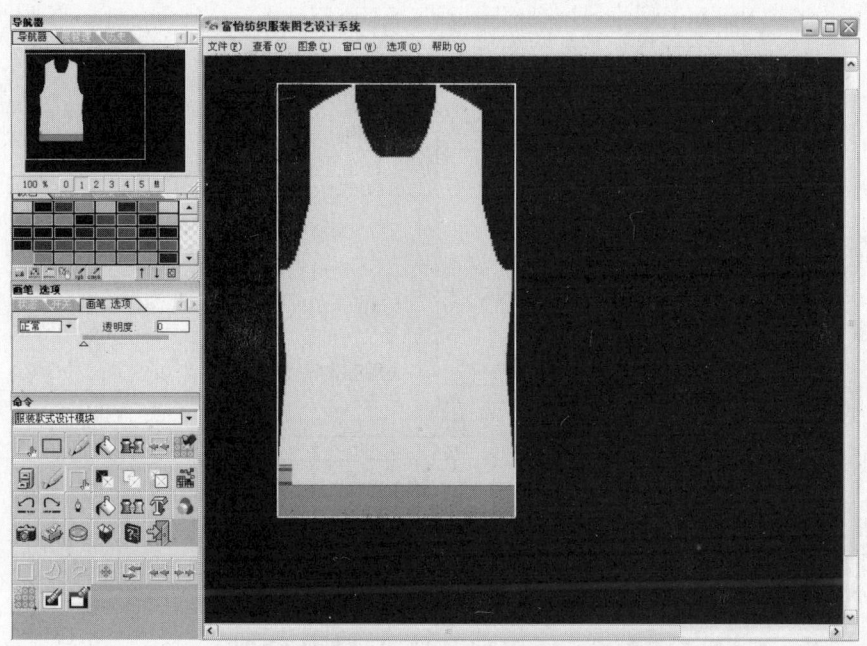

图 4-1-17 设计界面

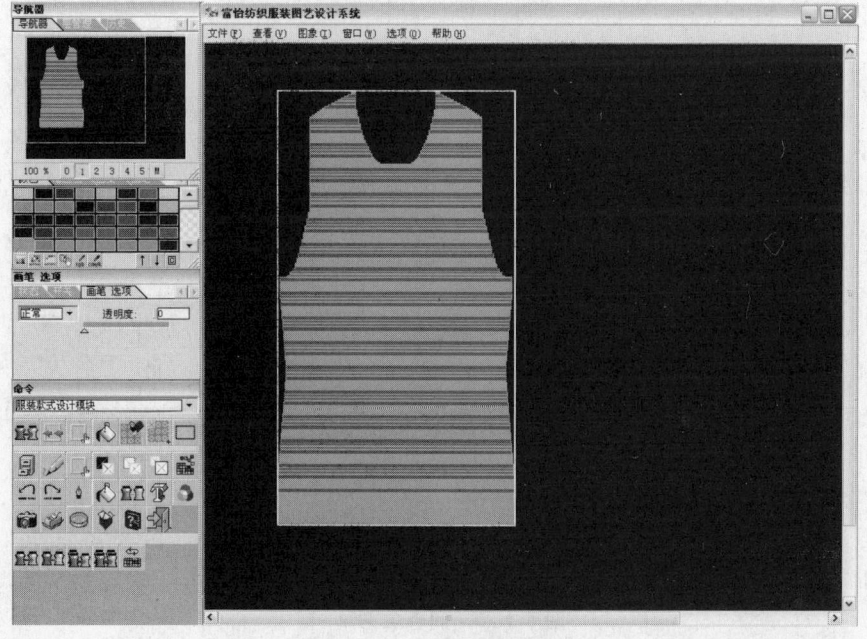

图 4-1-18 格条单元填充

2. 进入工艺系统后,通过选择 间色功能,将在富怡图艺设计系统界面所做的间色数据引入到工艺单上,间色引入对话框如图 4-1-19 所示,引入完成后的效果见图 4-1-20。

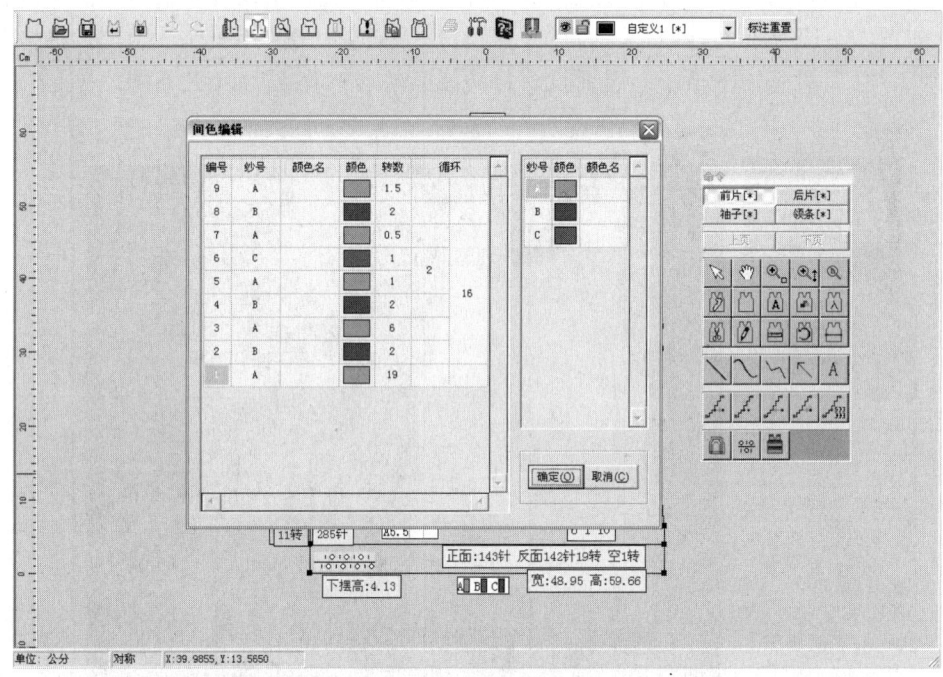

图 4-1-19 间色对话框

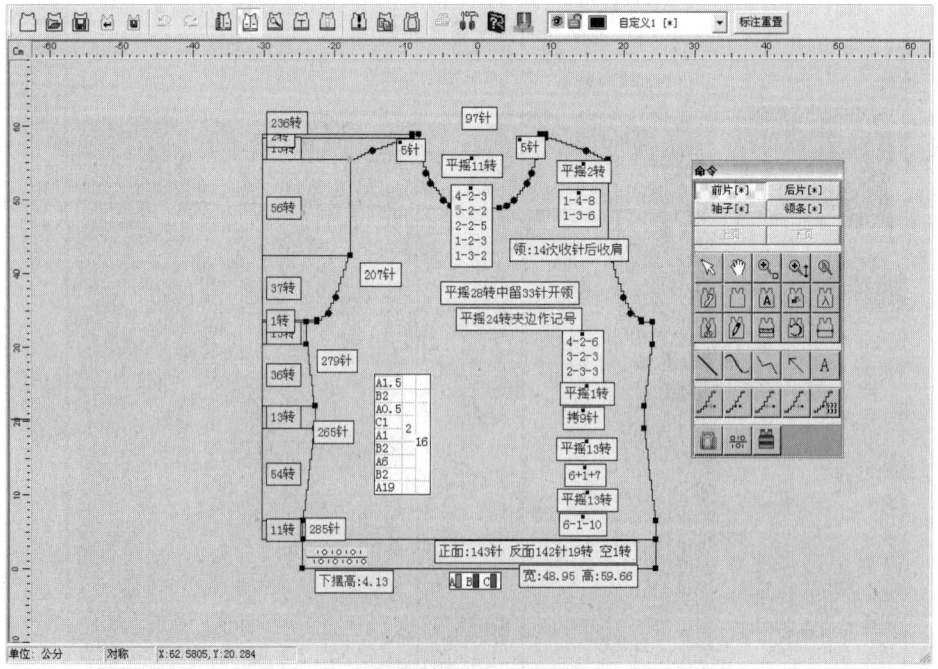

图 4-1-20 间色工艺单

第二节 工艺 CAD 设计实例

21s/2 羊绒圆领女士套衫

(一)确定产品款式、丈量部位及成品规格尺寸,见图 4-2-1 和表 4-1。

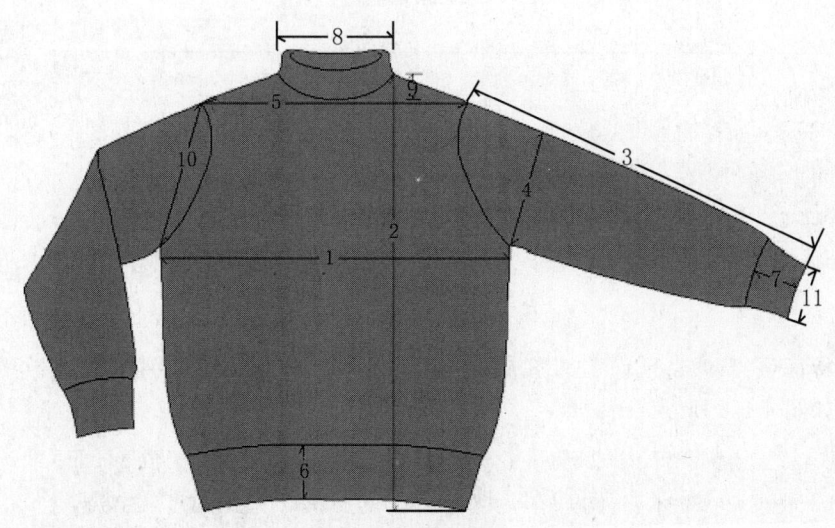

图 4-2-1 款式

表 4-1 成品规格尺寸

编 号	1	2	3	4	5	6	7	8	9	10	11
部 位	胸围	身长	袖长	袖宽	肩宽	下摆	袖罗	领宽	领深	挂肩	袖口宽
尺寸厘米	48	58	53	16	37	7.5	7	18	7.5	19	7.5

(二)确定横机机号、坯布组织结构和密度坯布规格如表 4-2 所示。

表 4-2 坯布规格

规格	机号E	坯布组织			密 度(厘米)					
					成品密度			下机密度		
		前片袖片袖片	下摆袖口	领条	(前后袖)横/直	2+1罗纹直密	领子横/直	(前后袖)横/直	2+1罗纹直密	领子横/直
105#	12	单面	2+1罗纹	2+1罗纹	6.3/4.58	5.5	6.8/5.5	6/4.28	5.2	6.4/5.15

(三)根据以上提供数据,进入针织工艺系统。选择新建文件功能,在出现的对话框内输入上述提供的有效数据。

1.项目明细项:确定的内容有常规项内容(如图 4-2-2 所示)和密度项内容(如图 4-2-3 所示)。

图 4-2-2 常规项

衣片密度(C)	前片大身	前片下摆	后片大身	后片下摆	袖片	袖口	领条	领空转
横密	63	63	63	63	63	63	68	68
纵密	45.8	55	45.8	55	45.8	55	55	98
下机横密	60	60	60	60	60	60	64	64
下机纵密	42.8	52	42.8	52	42.8	52	51.5	92

图 4-2-3 密度项

2. 款式特征项：款式特征设置如图 4-2-4 所示，平摇、平针、开领设置如图 4-2-5 所示，详细收针设置如图 4-2-6 所示。

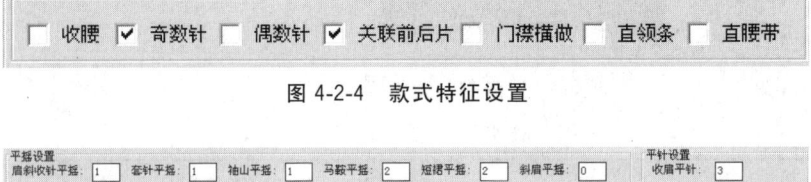

图 4-2-4 款式特征设置

图 4-2-5 平摇、平针、开领设置

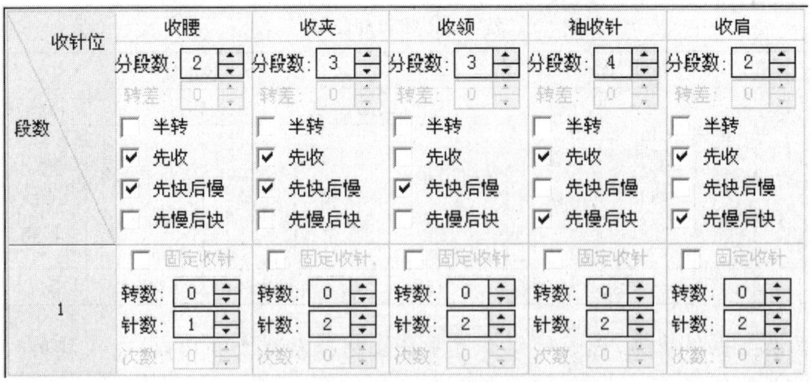

图 4-2-6 收针设置

3.款式尺寸数据库项:尺寸内容项如图4-2-7所示,参数数据设置项如图4-2-8所示。

规格 部位(公分)	档差	自定义1
1 胸宽*	0	48
2 衣长*	0	58
3 肩宽*	0	37
4 挂肩*	0	21
5 袖横阔	0	16
6 袖长	0	53
7 领宽	0	18
8 领深	0	7.5
9 后领深	0	2
10 前领平摇	0	2.4
11 前领中留	0	4.6
13 领罗宽	0	4
14 下摆高	0	7.5
15 下摆宽	0	45
16 袖口高	0	7
17 袖口宽	0	7.5
18 袖山宽	0	10
19 前挂肩收花高	0	8
20 后挂肩收花高	0	8
21 前肩下	0	2.8
22 后肩下	0	2.8
23 收腰后平摇	0	18.6

图4-2-7 尺寸内容项

参数 部位(公分)	参数
1 胸宽	2
2 后胸宽	0
3 缝耗	0
4 上胸围高	0
5 前上胸围宽	0
6 后上胸围宽	0
7 衣长	0.8
8 后衣长	0
9 肩宽	-0.5
10 后肩宽	-1
11 袖长	-1.5
14 领宽	-3.24
15 后领宽	-3.24
16 领深	0.5
17 后领深	0
18 领罗宽	0
19 领罗长	0
20 领罗后排	0
21 下摆高	0
22 下摆宽	0
23 袖口高	0
24 袖口宽	3.9

图4-2-8 参数设置项

4.前四步输入完成后,选择 计算基码功能,形成工艺调整界面。初步形成的工艺片见图4-2-9前片、图4-2-10后片、图4-2-11袖片、图4-2-12领条。

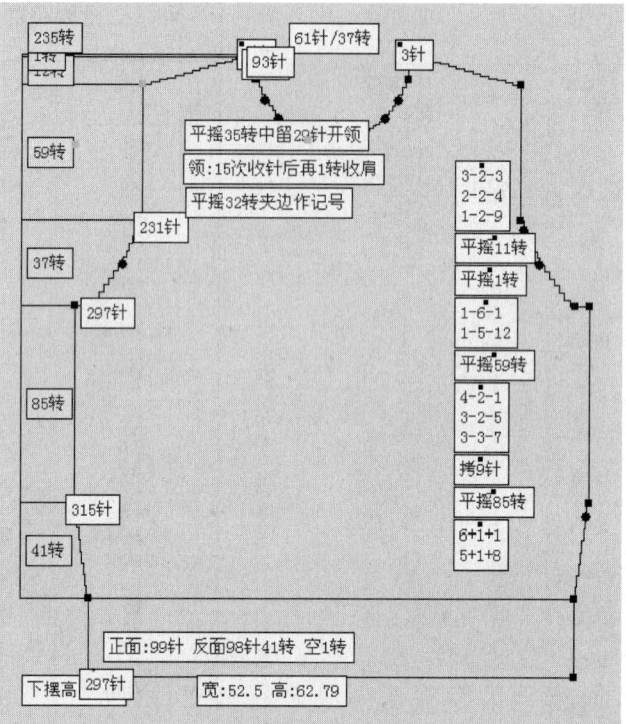

图 4-2-9　前片

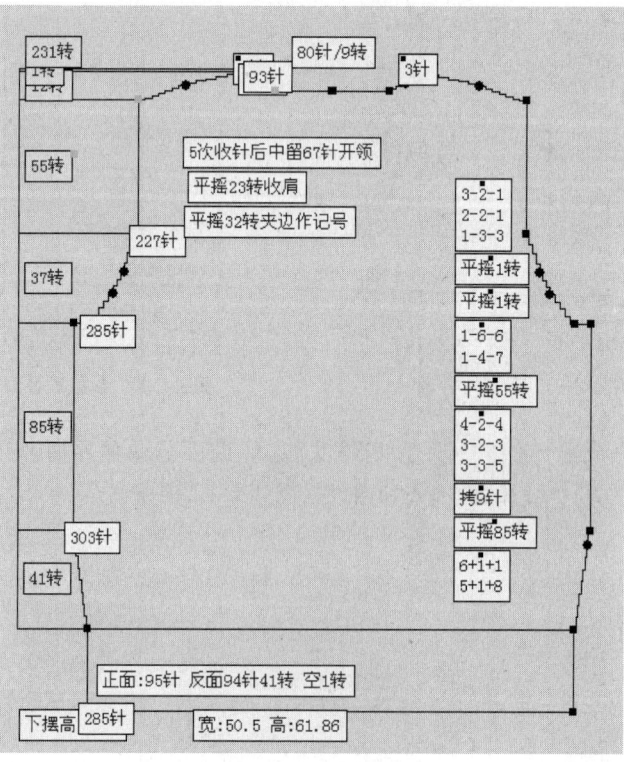

图 4-2-10　后片

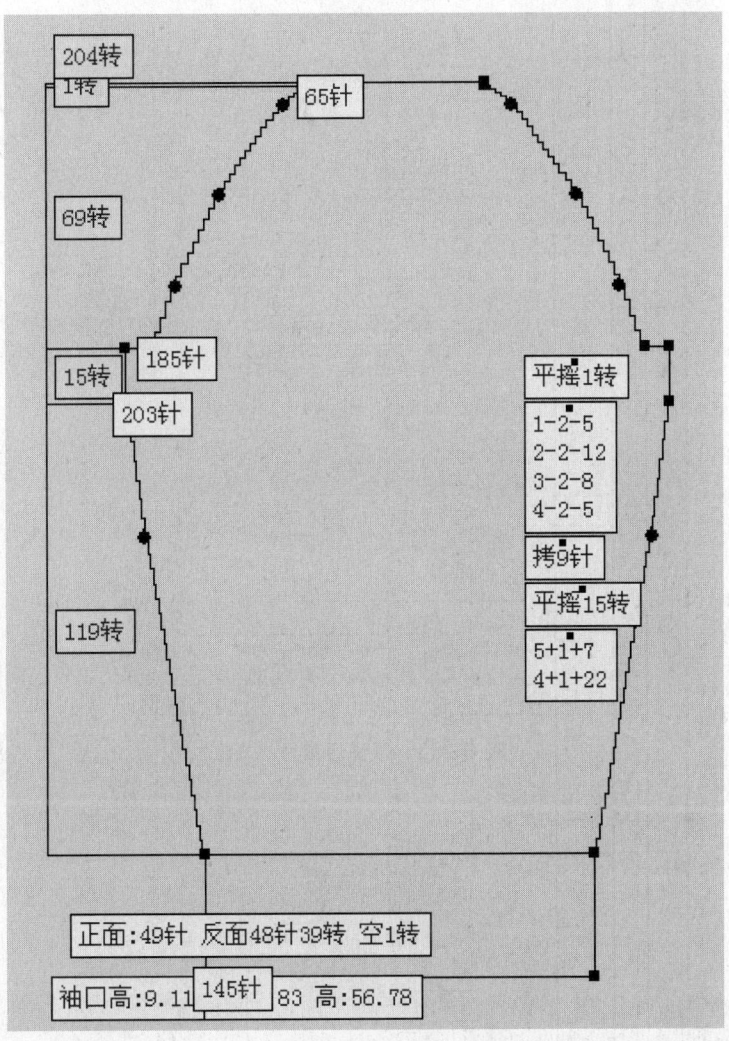

图 4-2-11 袖片

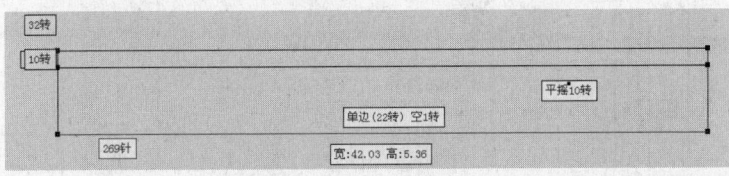

图 4-2-12 领条

5. 通过收针分配功能和选取功能的移动、标注修饰后的各个衣片效果图为下图4-2-13，4-2-14，4-2-15，4-2-16 显示，而排针、工艺说明则由具体情况进行排针和说明，常规的款式不做修饰。

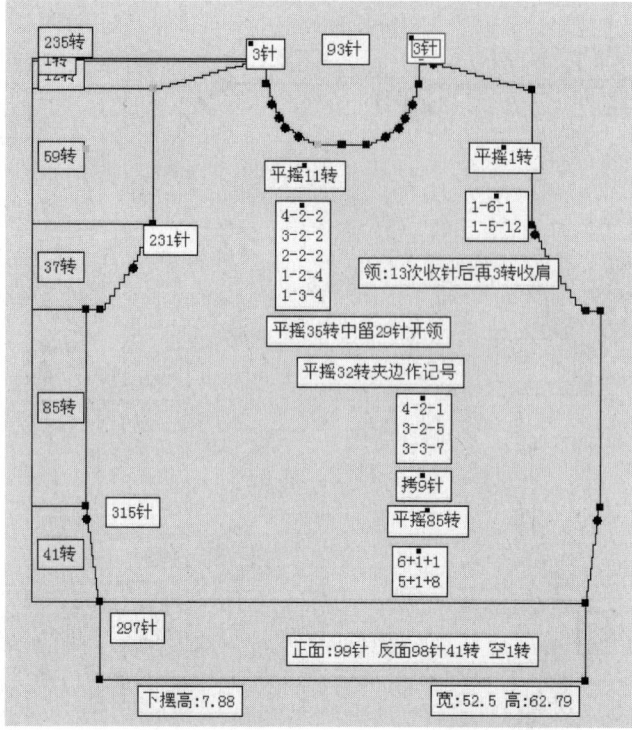

图 4-2-13 修饰后前片

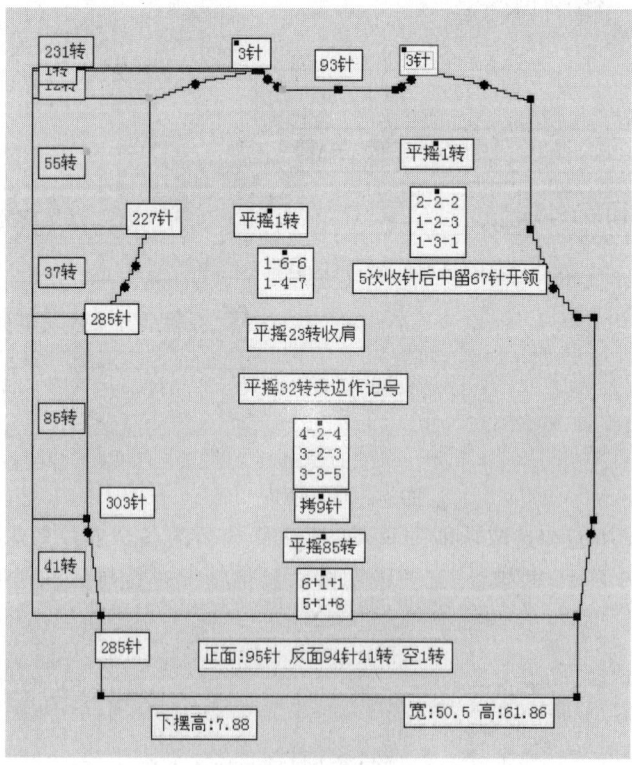

图 4-2-14 修饰后后片

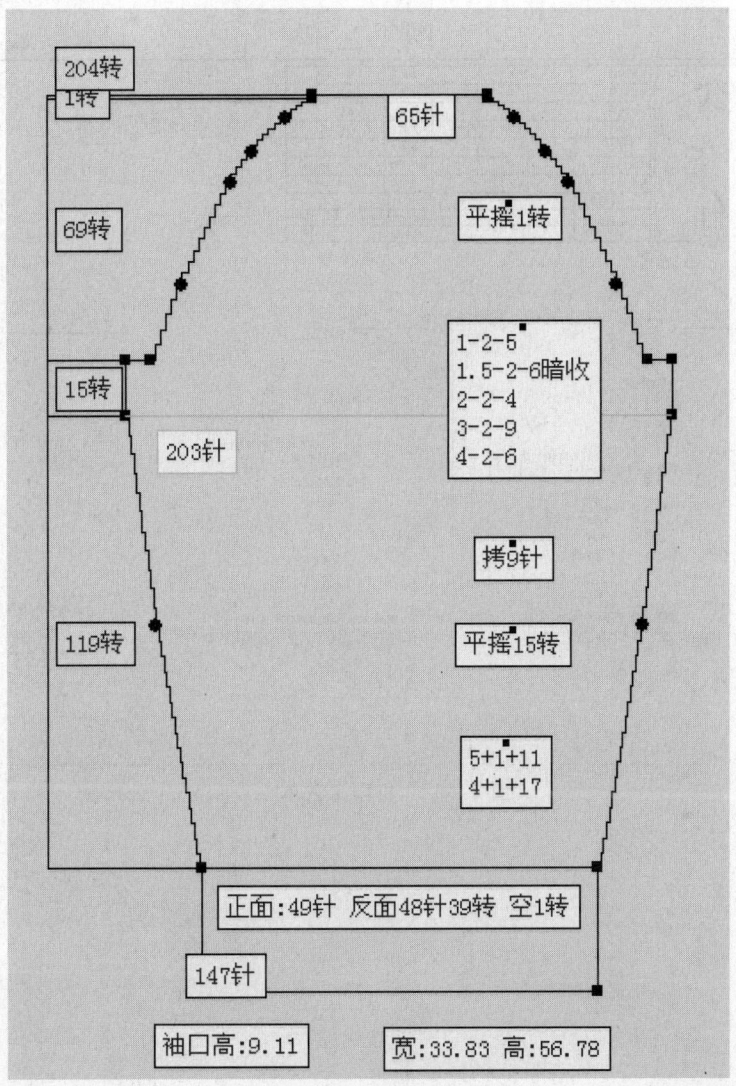

图 4-2-15 修饰后袖片

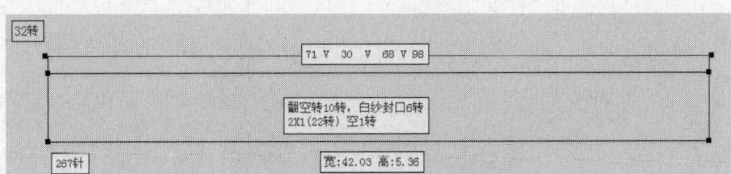

图 4-2-16 修饰后领条

最终打印的工艺上机图如图 4-2-17 所示。

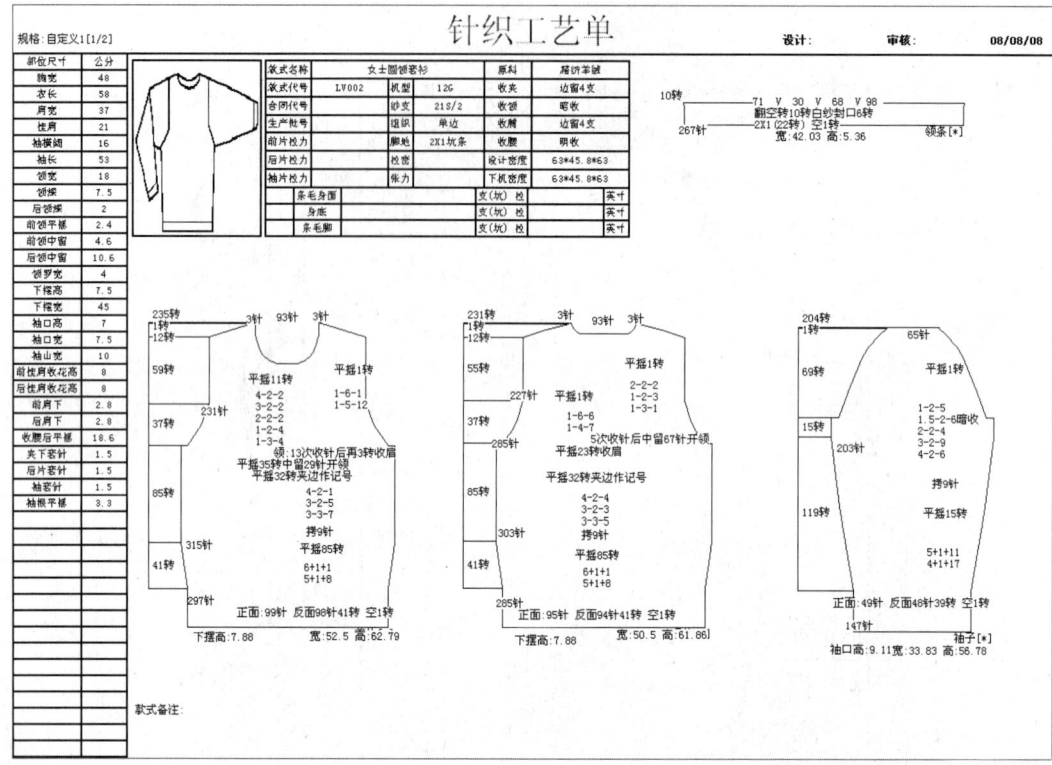

图 4-2-17 打印工艺单

第五章 电脑横机 CAD 设计

第一节 电脑横机基础知识

二十世纪八十年代以来,受追求时尚和崇尚个性的理念影响,羊毛衫产品的功能化、多样化和个性化成了产品发展的主要趋势,日本、德国、意大利等发达国家根据市场需要开发出电子化、数字化一体的新一代针织横机——全自动电脑式横机。全自动电脑横机是针织行业中技术含量较高的自动化机械,它将计算机数字控制、电子驱动、机械设计、电机驱动、针织工艺及软件工程等技术融合为一体,可以编织复杂的手摇横机无法完成的衣片组织。设计全自动电脑横机的产品,不仅要熟悉针织工艺原理,明确横机功能机构,还要灵活运用计算机软件技术等相关知识,而且要把这两方面紧密结合起来。

目前,市场公认的、全球代表性的知名电脑横机主要有三家——德国斯托尔(Stoll)、日本岛精(Shima Seiki)和瑞士斯坦格(Steiger)。尤以岛精(Shima Seiki)在全球的市场占有率最高。

一、横机编织基础

横机编织技术无论从创作多样性和图案设计方面,还是从生产角度来讲,都具有很高的灵活性。与其他加工方法不同,横机编织技术能够使用户在现有机器上利用各种原料开发各式各样的产品。更换产品品种时不需要进行大的调整,工艺流程简单。产品种类包括裁剪成形服装、无缝装和预先成型的半成品或成品服装。图案设计包括从平整的线圈结构到特殊的技术组织结构的密实、稀松或超厚织物。横机适合棉、毛、麻、丝、羊绒及各种化纤、混纺纱线的编织。能够随意编织平纹、罗纹、间色、坑条、扭绳、珠地、三平、四平、挽波、搬针、谷波、铲鸡、搬针挑孔以及二、三级打花等花式的内外服装、手套、帽子、围巾等产品,也能够作为纺织服装、大圆机针织服装的织领、袋、罗纹口、带字的辅助设备。

常规的工艺流程为:毛纱进厂→原料检验→准备工程→编织工艺设计→工艺小样试织→编织工程→成衣工程→成品检验→包装入库。

1.毛纱原料进厂入库后,由测试化验部门及时抽取试样,对纱的标定线密度、条干均匀度等项目进行检验,符合要求方能投产使用。进厂的毛纱大都为绞纱形式,须经过络纱工序,使之成为适宜针织横机编结的卷装。编结后的半成品衣片经检验后进入成衣工序,成衣车间按工艺要求进行机械或手工缝合,成衣工序还包括拉毛、缩绒及绣花等修饰工序。最后经过检验、熨烫定形、复测整理、分等包装入库。

2.原料检验的目的:原料的线密度偏差、条干均匀度、回潮率和色牢度,直接影响产品的质量。因此,对原料进行检验,发现问题,可及时修订工艺,采取技术措施防止影响成品的质量。

3.准备工序的目的和要求:送到羊毛衫厂的各种毛纱,大都是绞纱形式,不能直接在针织机上进行编结加工;同时在这些纱线上还存在着各种疵点和杂质,将影响编结的质量和产量。因此,准备工序的目的是将绞纱绕成筒装形式,以适应编织生产中纱线退绕的需要;清除毛纱表面的疵点和杂质,对毛纱进行蜡处理使之柔软光滑;根据工艺要求对毛纱作加捻、并股处理,以提高毛纱牢度和增加毛织物厚度。络纱时应尽量保持毛纱的弹性和延伸性,要求张力均匀,退绕顺利。

4.编织工艺设计类似于裁剪服装的制板设计,对于成型针织服装的编织工艺设计和计算,是成型针织服装设计过程中的重要环节,其工艺的正确与否直接影响产品的款式造型及规格尺寸,并对劳动生产率、成本有很大影响。

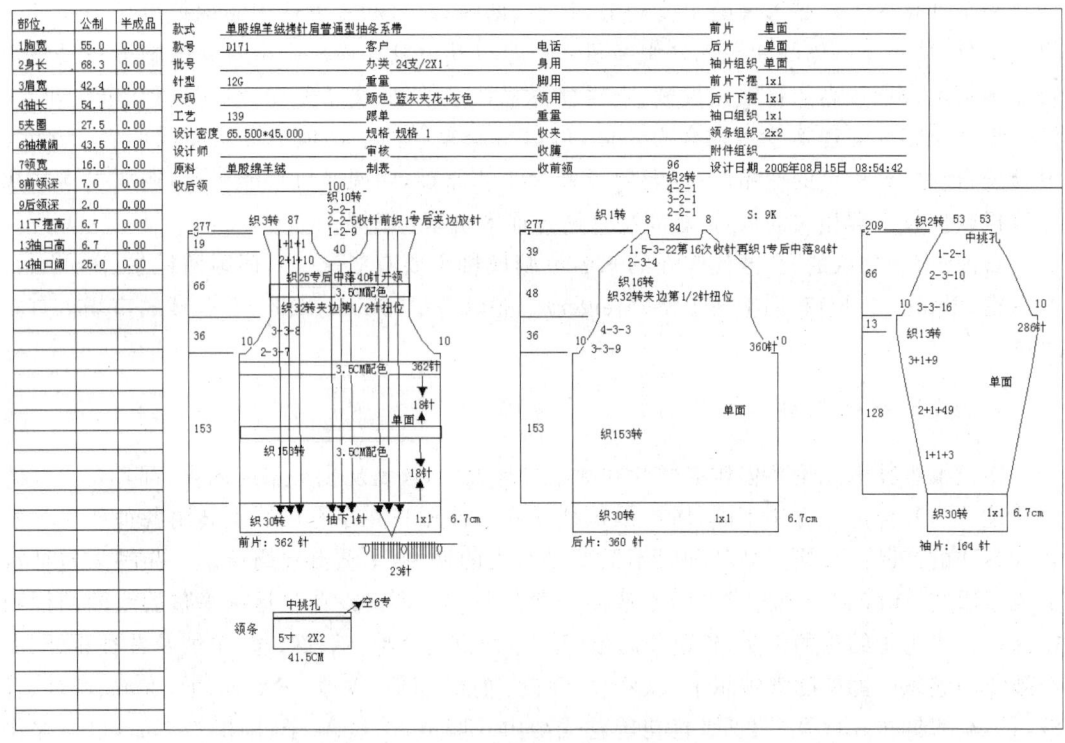

图 5-1-1 毛衫编织工艺单

5.小样试织的目的是确定织物密度(毛密、成品密度)及回缩率,经试织、修订,确定生产操作工艺。

6.羊毛衫编织设备、编织类型及衣片检验。编织是羊毛衫生产的主要工序,其编织机械主要有横机和圆机两种。由于横机相对具有较多优点,如可用增减针数的手段来编织与人体相适应的衣片,不需通过裁剪就可成衣,既节约原料又减少工序,花型变化多,翻改品种方便,羊毛衫企业大都选用横机编织。另一方面,圆机具有速度快、产量高的特点,也越来越受到厂家的重视。

按羊毛衫编织类型可分为全成和裁剪两大类。全成编结是采用放针和收针工艺来达到各部位所需的形状和尺寸,编织后不需要进行裁剪就可成衣,多用来织以动物纤维为原料的高档产品。裁剪类可分局部裁剪和整体裁剪两种方式,局部裁剪一般在挂肩和袖山头处采用台阶式拷针(去针、括针)工艺,然后局部裁剪来获得所需的形状尺寸,裁剪的损耗量小,而产量可以提高,这种方法多用来编织全毛的细针距织物、提花组织等中高档产品。整体裁剪一般是指通过圆机编结成匹布后,完全通过裁剪形式来获得所需的形状和尺寸,采用这种方式,裁剪损耗大,一般在低档原料中应用。

横机上生产的衣片下机后,必须经过逐片检验,符合要求才能进入成衣工序。衣片检验的内容有衣片的规格(即单片的长度、罗纹长短、夹档转数、收针次数等)、单片重量及外观质量,外观质量包括漏针、花针、豁边、单丝等。

检验衣片的密度、规格应待衣片充分回缩后方可进行。衣片在编结过程中,受穿线板、挂锤等的纵向拉伸,加之编结时的张力,下机后衣片的密度、各部位尺寸与成品实际要求有较大差异,因此下机后的衣片,经过一定时间静置后,不再回缩才可反映其实际密度、规格。但是这种自然回缩(松弛收缩)的办法时间较长,实际操作中往往采取各种外界加压法,如团缩、掼缩、卷缩等方法来使衣片快速回缩。

7.成衣工序

(1)成衣工艺流程 羊毛衫采用缝合方法来连接衣衫的领、袖、前后身以及钮扣、口袋等辅助材料,有的还用湿整理方法、绣花的方法来修饰,使成衣具有一定的风格和特色。成衣的一般工艺流程为:缝纫拼片→半成品检验→缩绒→锁眼钉扣→熨烫定形→成衣检验。

(2)成衣工艺要求 ①缝迹要求:毛衫的缝迹应与衫身具有相应的拉伸性和强力,除口袋外,通常要求拉长率达到130%。缝线在原则上必须与羊毛衫原料、颜色和纱线线密度相同,粗梳产品的缝线和机缝的面线应采用精梳毛纱。平缝、包缝等的底线不可有过高的捻度,要柔软、有弹性、光滑和有足够的强力。②缩绒要求:缩绒属于湿整理工艺,是利用动物纤维的缩绒特性,使纤维受到湿热浸润后,鳞片扩张柔软,在摩擦力作用下,表面起短绒,手感丰满,外观改善。缩绒应用于羊绒衫、兔毛衫、羊仔毛衫等粗梳产品,精梳产品也可以常温、短时间作净洗湿整理或轻缩绒以改善外观。

缩绒所用的助剂、温度、浴比、时间等参数须选用得当,否则如缩绒过度会使成批产品毡化而无法弥补。在缩绒过程中对缩绒程度须作中途检查,对比绒面标样以防缩绒过度。

(3)熨烫定形:熨烫目的是使产品定型,保持款式特点,外观平整挺括、手感舒适。熨烫时,将毛衫套上样板,以准足规格,羊毛衫定形温度一般在120~180℃,操作中防止"烫黄、极光"。毛衫在熨烫过程中,要进行抽风处理,使其加速冷却并降低湿度。

近年来采用蒸烫机(压平机)定形的越来越多,它是由自动升降的上烫板和固定的下烫板所组成,定形时间(喷汽时间和停留时间)在 4s 到 30s 之间,其效率比手工熨烫大大提高。

8.成品检验

成品检验是产品出厂前的一次综合检验。羊毛衫检验工作中有复测、整理、分等三个专门工序,内容包括外观质量(尺寸公差、外观疵点),物理指标(单件重量、针圈密度),内、外包装等。在整理过程中,对不属于返退范围的少量疵点,如可以清除的油污渍、残留草屑、脱缝等一般可随时修复。

电脑横机的产品工艺设计内容与一般毛衫产品设计内容基本相同,在编织工艺设计中则增加了自动电脑控制装置动作的各类控制信号的组织,称之为花型设计(编织程序设计)。将设计好的程序输入到电脑横机的电脑控制箱中,控制电脑横机的运行、产品的试织及程序的检查、修改、存储。

二、电脑横机新技术

(一)电脑横机主要机构

电脑横机融合了计算机数字控制、电子驱动、机械设计、电机驱动于一体,主要机构有(如图5-1-2所示):1为纱架,2为显示器和操作面板,3为机头,4为控制机构,5为针床,6为牵拉辊。

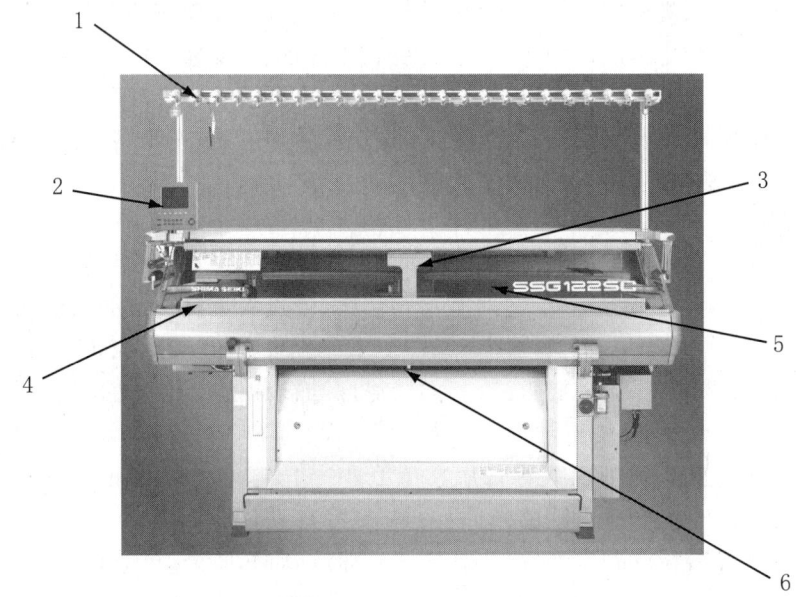

图 5-1-2　岛精电脑横机

1.传动机构

传动机构对电脑横机的编织速度、工作效率关系很大。现在电脑横机上均采用圆弧同步齿形带传动,并且利用交流伺服电动机驱动,机构相对紧凑、美观,传递动力大,传动可靠、平稳。

2.三角动作控制部分

(1)进针机构

目前采用的选针机构主要有两种。一种是摆动式,即由专用小电磁铁、选针刀片等组成,根据工作需要,利用对专用小电磁铁进行瞬时通电使选针刀片摆动,来达到选针的目的,大多采用的是六档。为了更可靠地选针,降低电磁铁的工作频率,现有的电脑横机采用八档选针,并且采用进口专用的整体组装式,使选针更加可靠。另一种是吸附式,由于选针器销有一永久磁铁,即由计算机发出一脉冲时,就产生一个与永久磁铁相反的磁场,从而推开选针片。被推开的选针片由弹簧抬起,其底脚高出针床并与起针三角相啮合,织针开始工作,否则织针不工作。

(2)选针起针三角、三针道档位三角换向机构

对于选针起针三角和三针道档位三角控制机构,有的电脑横机采用分开控制,有的电脑横机采用联动控制,即选针起针三角动作的同时,档位三角机构也开始换向动作。其机构特点是联动机构装有一磁性条,并与导轨上的钢带保持一定磁性吸力,使机头在任意位置换向时,这一联动机构均能稳定动作。这一机构的实现,解决了编织过程中任意的密度调节。

(3)移圈与编织系统机构

现在的电脑横机大量运用电磁铁代替机械机构,使控制机构大大简化。像日本岛精横机,其移圈机构和编织系统的对称中心线重合,上下布置,采用编织三角和移圈三角控制机构联动。这种机构使用的电脑横机机头体积变小,重量变轻,且外形美观,同时大大降低了机器的动力消耗。

3.其他动作控制部分

(1)后针床横移机构

根据编织功能要求,有的组织结构需要左右移动针床来实现。目前,大多数电脑横机是采用移动后针床,也有的是移动前针床。至于后针床的横移机构,如果不是移圈,有的只是采用普通丝杆螺母副机构即可。为了移圈的可靠准确,必须提高横移精度,使丝杆螺母机构的移动精度高,换向间隙小而灵活。因此,现在电脑横机上均采用高精度滚珠丝杆螺母副传动机构,驱动则采用步进电动机和同步齿形带传动。为了达到横移的可靠性,机构上均设有光电编码器反馈发送信号。

(2)主、副罗拉卷取机构

编织时,特别是宽幅的电脑横机,在编织过程中由于两端织物受撬线架和端线架弹簧的拉力,使织物呈两头松中间紧的状态。目前大多数电脑横机在原有主罗拉的基础上,又在靠近齿口处增设副罗拉机构。双重罗拉解决了上述问题,并只要再加上沉降片机构,即可解决编织时起头的问题。

(3)调梭机构

调梭机构的灵活与否以及动作电磁铁的可靠性,关系到编织质量和效率。目前机上所用的调梭机构均采用双向电磁铁控制杠杆机构,这种机构可靠,同时也比较紧凑。这种机构在制造过程中,将电磁铁和机械机构制在一起,形成整体,不仅给安装、调试带来方便,同时其动作也极其可靠。

(二)电脑横机新技术

借助于先进的机构,电脑横机有很多手摇横机无法比拟的技术优势。

1.嵌花技术

嵌花技术是指形成组织时,由两块或两块以上的不同颜色或不同种类的纱线编织成的花块,在纵向镶拼而形成花色织物的方法。它是一种选针与纱线交换相结合的新技术,与提花技术不同。提花编织时,在每一横列中被选中的某些织针沿着三角轨道运动,勾起由机头带入的色纱,未被选中的织针不参加编织,纱线就浮在织物的反面,直到被选择的织针编织为止。嵌花编织时,当机头带动另一种色纱编织时,已编织过上一种色纱的织针,就不再编织,而其余的织针编织。这样每一横列由几种线圈组成,就有几种颜色的纱线覆盖在织物的

反面。在双面组织中，纱线即使在正面未成圈，在反面也要成圈。嵌花技术的应用既能像提花技术那样用不同的纱线形成各种花纹图案，而又不像提花编织时，同一纱线跳过未被选到的织针，在织物反面形成浮线或在双面提花织物反面形成芝麻点效应，故称为无虚线提花技术。嵌花部分的织物组织可以是单面平针、集圈等，也可以是罗纹等双面组织。

2. 辅助针床技术

普通的横机有两块针床且呈 V 字形排列，辅助针床技术是在传统横机针床上增加1～2个辅助针床，主要用于翻针、移圈，以扩大花形可能性。如 Shima Seiki 公司和 Stoll 公司的横机有两个辅助针床，又称四针床横机。例如 Shima Seiki 公司的 SES122RT 型横机是在普通的针床之上增加两块水平针床，一块在 V 形针床的前上方，一块在 V 形针床的后上方，两块辅助针床都可以左右移动，在需要时，根据电脑程序指令将其调到适当的位置。新设置的针床设有移圈用的小针或扩圈器和弹簧针舌，此两针床不参加编织，只用于翻针、移圈，其特色如下：使机器具有全功能编织系统，移圈功能由传统的两种提高到八种，大大丰富了织物的花色品种。该机除能编织罗纹针织品、提花图案、全成形衣片、简单的整件成衣外，还可在四平针组织上增加一些结构变化，如绞花、挑花、双面不同颜色、双层布等；双面针织品在减针宽度上没有限制。该机减少了翻针移圈跑空车，移圈时无需机头停下，提高了生产效率。可以在不带辅助针床的机器上编织图案，如绞花等。利用辅助针床技术可大大缩短生产时间，提高产量。

3. 起底技术

近几年起底技术的引用得到了电脑横机用户的接受。起底技术就是在编织的准备前给织物一个拉力，使衣片的起底快速和节省纱线，也能够单独地一片一片分开编织。借用起底板，使拉力从起低时就均匀，而且不用编织费纱。

4. 压脚技术

在现代的电脑横机上，压脚的作用十分重要。由于压脚技术和电子控制技术的结合，大大提高了横机的编织能力，从而不仅丰富了产品花色，同时也提高了产品的档次。在采用压脚装置的横机上，对新线圈的牵拉主要靠压脚进行，由于压脚属集中牵拉，其工作特点有：既能移圈收针和脱圈收针，又能持圈收针。这样即使一组织针脱卸旧线圈而呈"空针"，这些脱卸的旧线圈也不会因牵拉力而出现"梯脱"现象，且退出工作的持有旧线圈的指针可在需要时再次参加工作。既能移圈防针，又能空针放针，并且一次放针的针数可以任意多，可进行局部编织。在一组织中，可以部分不编织，部分编织，如可进行多列集圈，空针起口，不用穿线板，就可编织起口横列。压脚的这些功能，使得横机编织能力有了很大的提高，主要表现在一方面能够编织普通横机上不能编织的新花型；另一方面能进行成型或立体编织。

5. 无机头技术

(1) 无机头的原理

常规横机是以机头往复运动，使编织范围内的织针经三角推动上下运动完成编织动作。无机头电脑横机的织针则由线性电机直接推动完成编织。

(2) 无机头电脑横机的独特之处

① 每一枚织针及沉降片都由一台微型线性电机独立控制。

② 该机没有实物的机头，在实际操作中使用虚拟机头的概念。虚拟机头的三角(实际为

走针轨迹）可任意设计、组合，也可随时改变。虚拟机头可以在任意位置起始，也可以在任何位置结束。由于没有惯性，虚拟机头往复动作反应快速、灵敏。

③由于无传统三角控制，弯纱可以采用较陡的角度，配合压针宽度和退回角，一些强度很低，外形特殊的花式纱线也可以顺利地编织。

④由于电机的独立控制，可以对不同织针采用不同的线圈密度，传统横机难以编织甚至不可想象的花型它都可以编织，可以想象其花样变化的能力。

⑤可以同时虚拟多个三角系统进行编织或移圈。

在全成型编织过程中，不需要用空转来配合移圈和调整导纱器位置。虚拟机头可以对一、二枚织针进行移圈和编织，各色花型、口袋、门襟、钮扣眼可以同时编织完成。

6.沉降片技术

沉降片技术是在横机上和压脚技术功能一样的一项技术，两者都是牵拉线圈的作用。但压脚的作用是一段区域，而沉降片则配置在每一枚针旁边，能很好地控制相应织针上的旧线圈和新纱线，这样可以生产有三维效应的立体织物，同时利于开袋、织门襟等全成型编织。当前的机型一般都配置了沉降片，起片锤受机头上的一个三角轨道控制，三角使沉降片向前运动，在织物上升时握持织物，辅助退圈；或在织针下降时回退，为脱圈做准备。

有的横机采用了垂直沉降片技术，它是在单面针床上安装垂直沉降片，其进入工作时，可封闭针床口，起牵拉与握持作用。而空下来的针床可以安装其他辅助机件或留下足够的空间使用导纱器，像编织毛绒类织物。

沉降片有常开和常闭之分，常开的沉降片就是在机头编织时才下压线圈，其他的时间处于开的状态，该沉降片一般用于有起底板的机器中，这样的设计为了配合起底板上升提供足够的间隙；常闭的沉降片在机头编织的部分开启，编织完成后下压布片，其他的时间也是下压布片，这样一直保持给布片压力，这样的沉降片有利于无拉力起低。

日本的岛精公司开发了弹簧式的沉降片，因为传统的推压式的沉降片只在机头运动时才被触动，并将布片置于不必要的压力下，形成受挤压的线圈，甚至断纱线，而岛精公司的新机器的弹簧式沉降片则能一直保持作用，而且不管机头的位置，都能提供柔和的推下动作，明显地改善了复杂立体组织的品质和外观质感，如绞花、气泡组织或多重叠圈之类的编织。也由于沉降片不间断地往下推，所以卷布罗拉的张力可以降低，从而避免布片变形，产生"香蕉效应"，同时提升了相当大的设计开发力。

（三）电脑横机花型准备系统

花型准备系统是将花型图案转换成横机编织数据的系统。对于简单的自动横机如织领机是可以不要花型准备系统的，一切花型准备工作都可以由人手工完成：首先，由人手工依花型按机器的要求产生机器数据，然后由人工将机器数据输入横机。但对于具备选针功能的自动横机来说，手工进行花型准备是一件相当复杂的事情，所以一般由电脑完成。机器数据的产生和输入必须借助于花型准备系统。由花型准备系统产生数据，通过适当媒介将数据传至编织横机，编织横机依据数据编织成衣片，是现代横机控制的一般模式。

花型准备软件的功能和作用如下：①让操作员方便地输入、修改、储存花型数据。②将数据进行编译，得到电脑横机能够简单识别的数据。③将机器数据进行处理，得到横机通讯软件能够识别的数据，发送到横机。横机根据织针数、行数、前针板数据、后针板数据、床位数据便可进行编织。

花型准备系统包括硬件和软件。以日本岛精电脑横机为例,硬件包括:桌面电脑、指示笔、辅助键盘、移动存储设备,如图 5-1-3 所示。

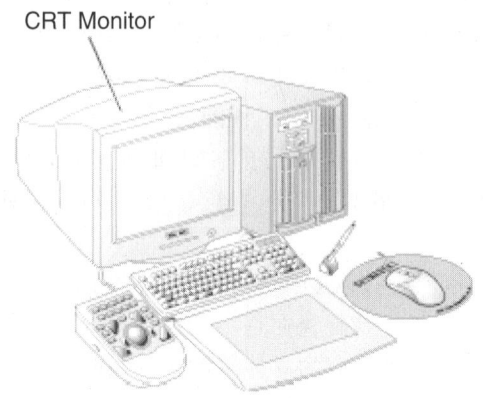

图 5-1-3　岛精横机电脑硬件

软件是(岛精)花型设计系统 SDS–ONE。界面如图 5-1-4 所示。

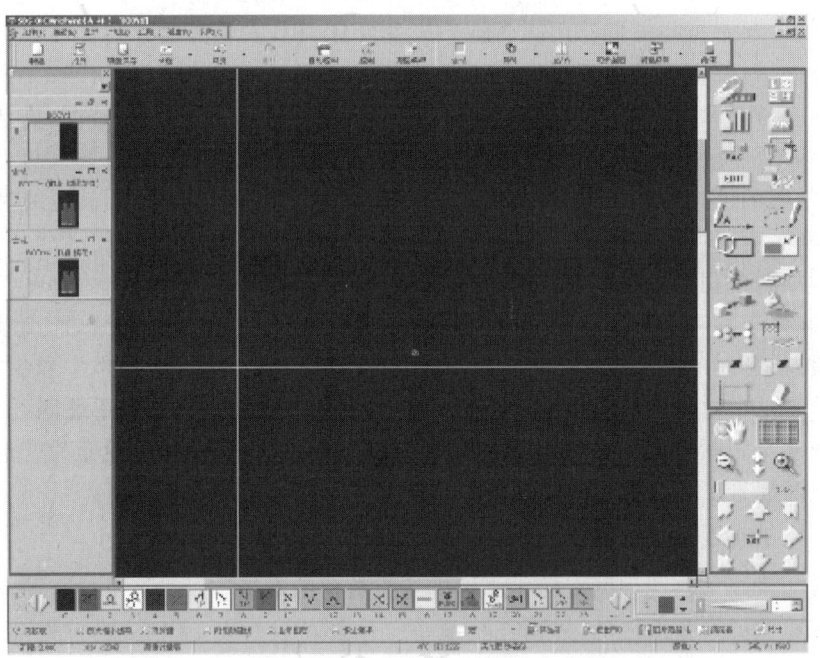

图 5-1-4　SDS–ONE 系统界面

日本岛精横机创造了一套独特的花型数据输入方法,其独特之处在于:用单个色码既可表示单根织针的动作,也可表示前后针板对应的两根织针的动作,还可表示织针编织后连缀在后的诸如翻针移床等动作,从而使花型在电脑屏幕上的显示基本和实物相同,极大地降低了花型数据输入难度。但这个独特之处也使得花型数据和织机动作严重分离,花型准备软件应当对此进行处理。

第二节　岛精花型设计系统 SDS－ONE 主要功能

在各种新颖的电脑横机中，日本岛精机的独特之处在于由微电子控制，可单针任意编织，同时进行编织和移圈，可编织提花、纱罗、各种罗纹、罗纹绞花及其混合花。后针床可任意横移 1～6 针，针距越大横移数越多。可进行多色编织，花型繁多，新颖独特，凹凸立体感强。由于成功地将微型电脑应用于横机动作的程序和花型准备系统，电脑横机的功能达到机械横机无可比拟的水平。尤其是电脑花型准备系统用于花型图案设计，又称设计系统 SDS，采用光笔直接将花型输入电脑，存入软盘，需要时可进行修改。该系统最大的特点在于，其系统软件与功能软件除具有彩色绘图功能外，还配备了 KNITCAD 自动编织程序设计，包括花型设计与控制信号两部分内容。设计完毕的图案和指令经电脑 CAD 系统处理存入磁盘，再输入横机的电脑控制箱，横机就可按设计要求编织了，可以同时为几十台横机编制程序，效率大大提高。

一、新建操作程序

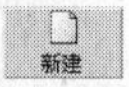

制作新的视窗，如图 5-2-1 所示。

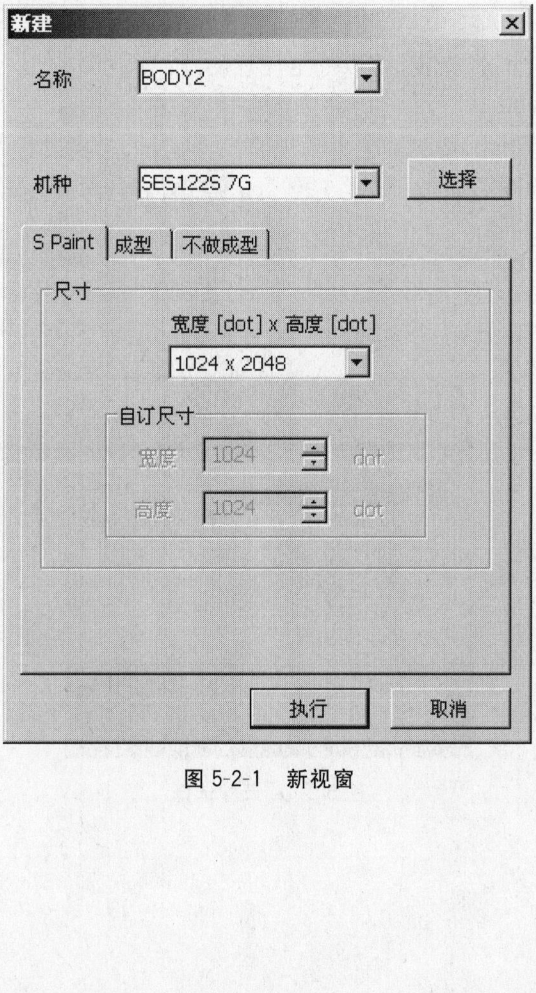

图 5-2-1　新视窗

二、制作 SPaint 花样

1. 选择[新规作成] 。
2. 输入花样的名称。
3. 按下编织机器的框，选择机型。

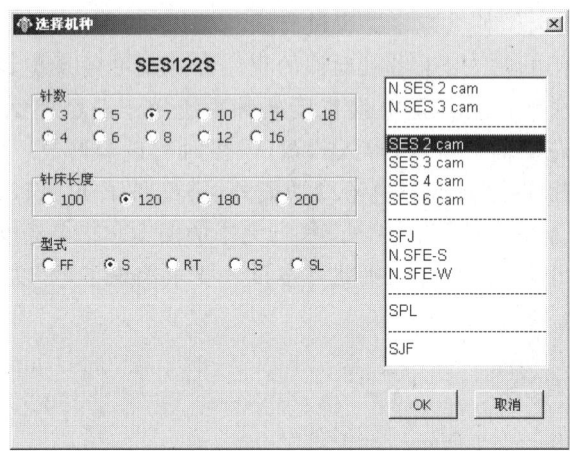

图 5-2-2　机型选择

4. 指定画面尺寸。通过[指定]可以决定任意的画面尺寸。
5. 按下[执行]。

需要更改视窗的尺寸时，按下左下方的视窗尺寸显示，选择尺寸，如图 5-2-4 所示。

图 5-2-3　尺寸视窗

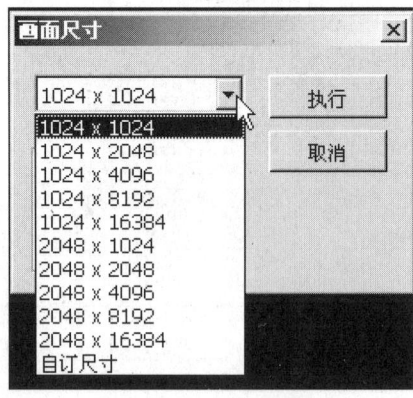

图 5-2-4　尺寸选择

三、线描绘操作程序

以现在笔的颜色、粗细描绘直线。

1. 按下线的起始点,如图 5-2-5 所示。

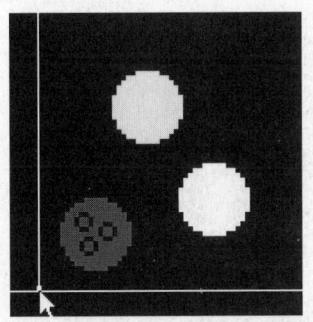

图 5-2-5　起始点

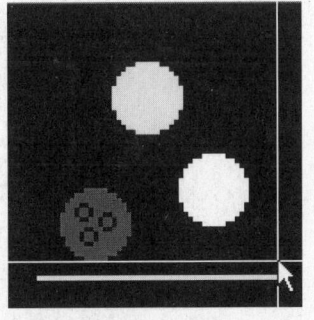

图 5-2-7　定位

图 5-2-6　线条型式

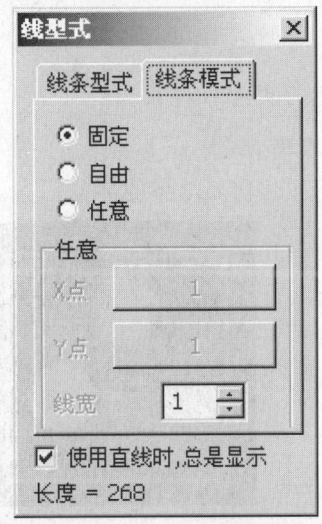

图 5-2-8　线条模式

2. 按下[牵线开始]　　或者辅助键盘的[LINE]。改换为　　。同时可以设定线条型式。

在[使用直线时,总是显示]打上记号,可以随时在[牵线开始]　　的同时对[线条型式]　　进行设定。

3. 临时线随着游标显示出来。

4. 决定位置后按下游标。

需要更改线的角度时,变更[线条模式]。

5. 临时线随着游标显示出来。

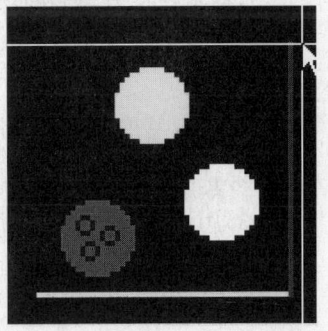

图 5-2-9

6. 线条描绘到最后,按下　　或者辅助键盘的[LINE]。

四、填色操作程序

填满以线围起来的部分。

如果填错,可以使用[回复]或辅助键盘的[UNDO]回复原状。

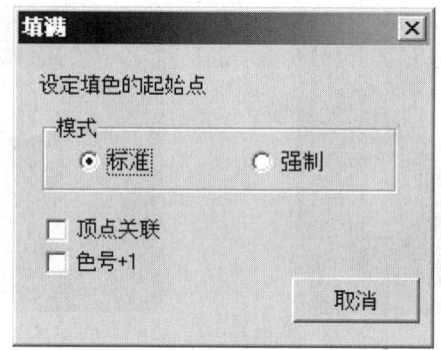

图 5-2-10 起始点设定

1. 标准

(1)指定笔的颜色。

(2)选择[填满] —[标准]。

(3)用游标按住需要填满的部分。

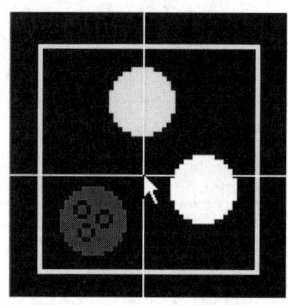 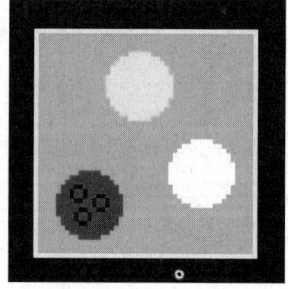

图 5-2-11 范围确定

如果不把需要填满的部分准确地围起来,颜色会漏到画面所有范围。而且一个颜色部分会被同时填满请注意。

2. 强制

(1)指定笔的颜色。(必须与框的颜色相同)

(2)选择[填满] —[强制]。

(3)用游标按住需要填满的部分。

如果不用现在笔的颜色把需要填满的部分围起来,颜色会漏到画面所有范围。

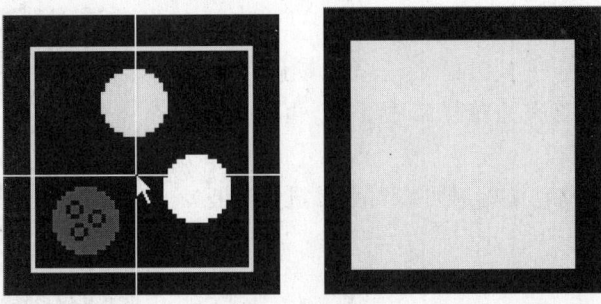

图 5-2-12　强制范围

3. 色号+1

(1)指定笔的颜色。[例]色号 201

(2)选择[填满]　—[标准]。在[色号+1]处打上记号。

(3)用游标轮流按下需要填满的部分。色号将会自动一个个上升。

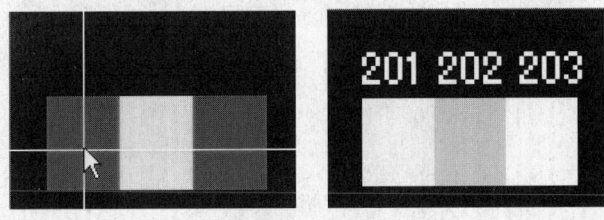

图 5-2-13　色号

五、指定范围操作程序

在画面上指定操作范围。

范围在新指定之前将留在原来位置上。

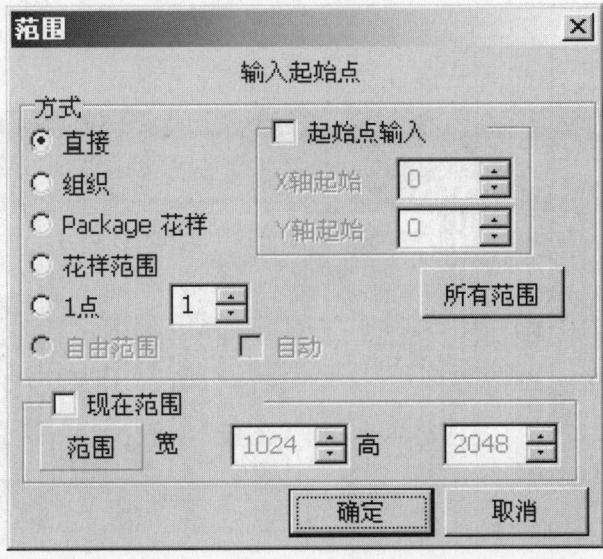

图 5-2-14　范围

1. 直接

(1)选择[范围] □ —[直接]。(一般会自动进行选择)

(2)指定需要指定范围的花样其中 1 点,再指定可以把花样围起来的第 2 点。

按下白色的虚线,移动游标时可以对范围进行修正。

(3)没有问题之后按下[OK]。

2. 组织花样

(1)选择[范围] □ —[组织],在[自动]上打记号。

(2)指定花样的中心。可以自动在附加功能线的内侧指定范围。

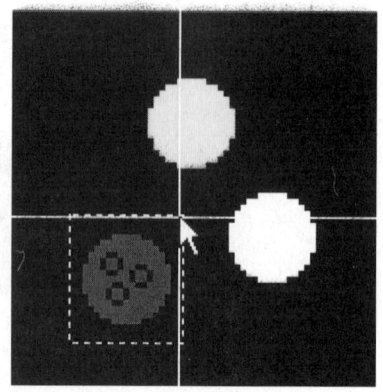

图 5-2-15 范围修正

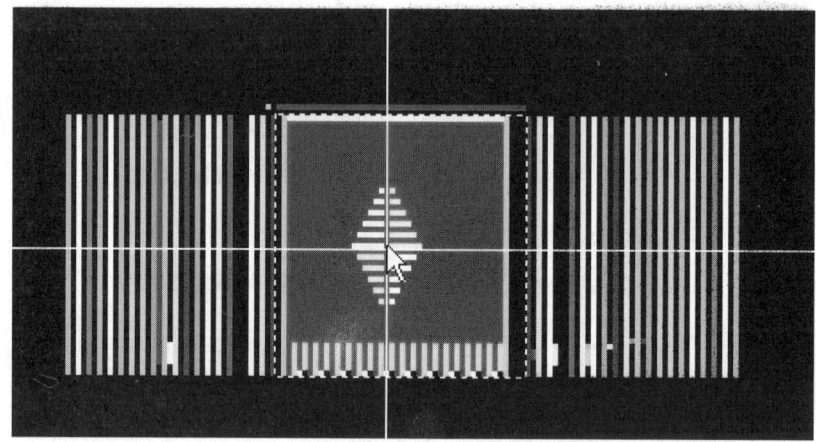

图 5-2-16 组织花样中心

(3)没有问题之后按下[OK]。

3. Package 花样

(1)选择[范围] □ —[Package 花样],在[自动]上打记号。

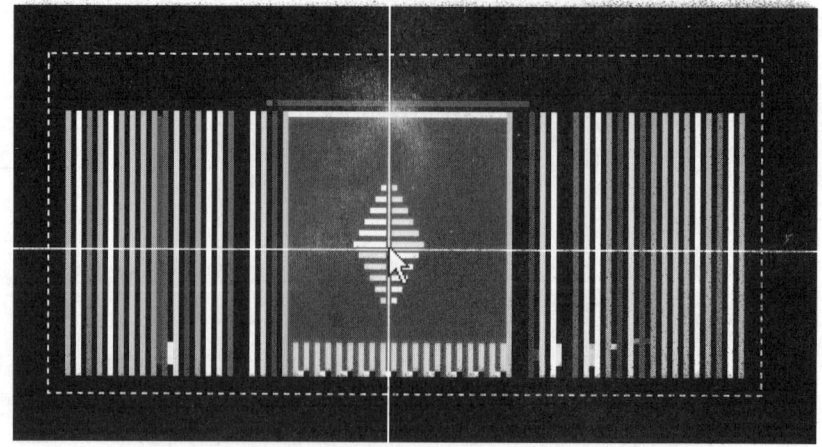

图 5-2-17 指定花样中心

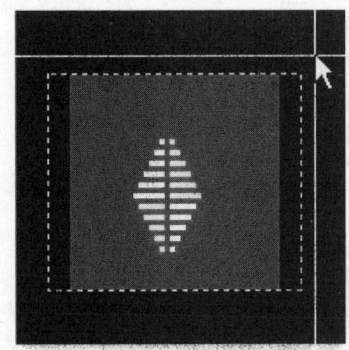

图 5-2-18　起点和终点

(2)指定花样的中心。可以自动在附加功能线的外侧空出上 10 点左右下 3 点指定范围。

(3)没有问题之后按下[OK]。

4.花样范围

(1)选择[范围] ▭ —[花样范围]。

(2)适当指定花样的起点和终点。可以自动在花样的上下空出花样的尺寸,左右空出 4 点指定范围。一般用于显现附加功能线。

(3)没有问题之后按下[OK]。

5.一点范围

(1)选择[范围] ▭ —[一点范围]。

(2)适当指定花样的起点和终点。可以自动在花样的上下左右空出 1 点指定范围。

(3)没有问题之后按下[OK]。

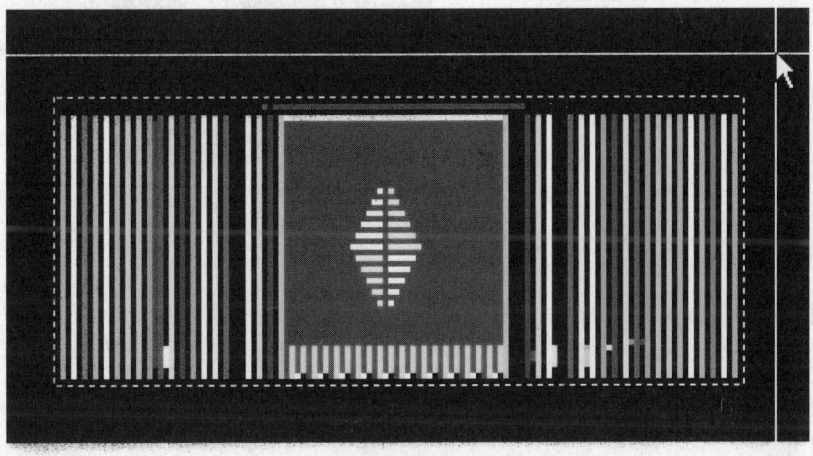

图 5-2-19

6.所有范围

(1)选择[范围] ▭ —[所有范围]。

(2)可以自动在画面所有范围内指定范围。

选择[一点范围]后按下[所有范围],可以自动以所有范围的花样为对象空出 1 点指定范围。

(3)没有问题之后按下[OK]。

六、删除操作程序

删除花样。

发生错误时,可以使用[回复]或辅助键盘的[UNDO]回复原状。

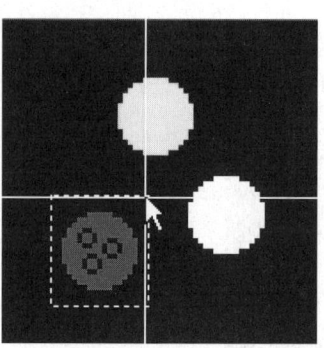

图 5-2-21 选择

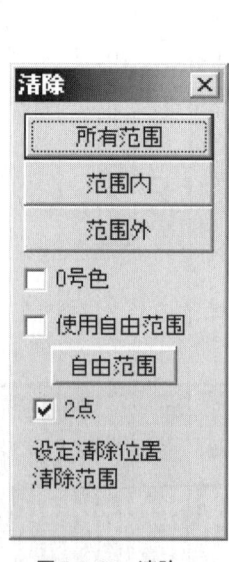

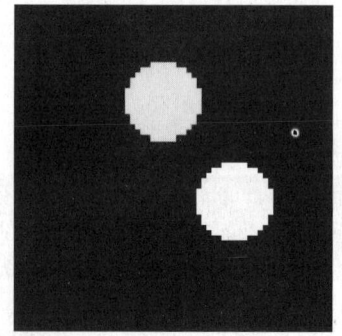

图 5-2-20 清除

图 5-2-22

1. 范围内

(1) 在想要删除的花样上指定[范围]▭。

(2) 把笔定为色号 0。

(3) 选择[删除]▱—[范围内]。

2. 范围外

(1) 在想要保留的花样上指定[范围]▭。

(2) 把笔定为色号 0。

(3) 选择[删除]▱—[范围外]。

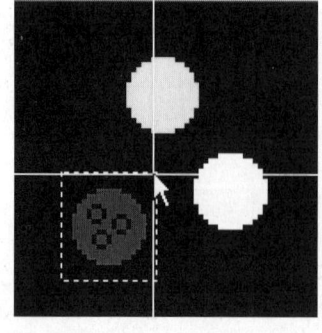 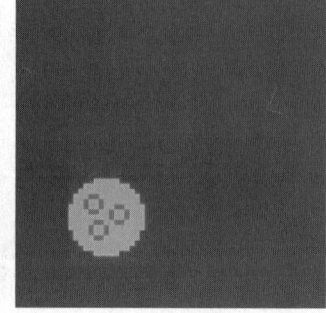 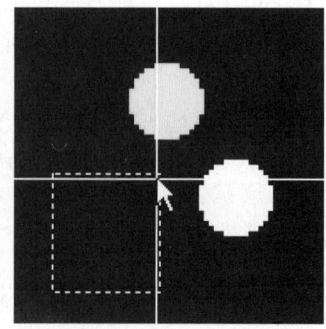

图 5-2-23 保留花样范围　　图 5-2-24 范围外花样被删除　　图 5-2-25 指定点删除

3.2 点

(1)把笔定为色号 0。

(2)在[删除]—[2点]打上记号。

(3)指定 2 点把想要删除的花样围起来,见图 5-2-25。

七、拷贝操作程序

重复花样,对话框见图 5-2-26。

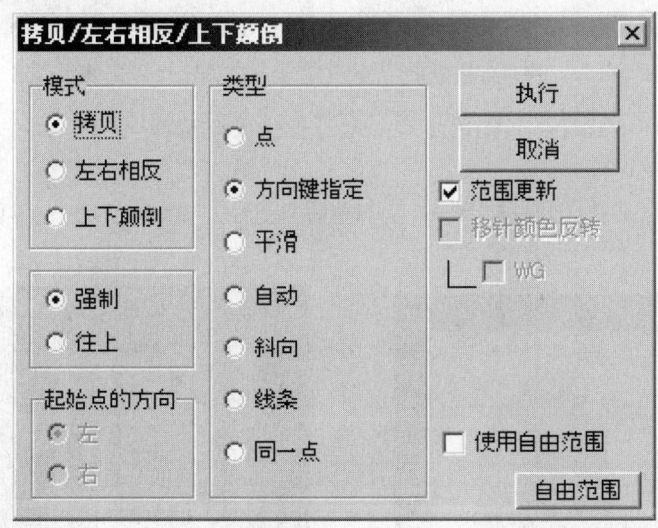

图 5-2-26　拷贝花样

(模式)基本花样

拷贝：拷贝与基本花样相同的图片。

左右相反：拷贝左右反转的图片。

上下颠倒：拷贝上下反转的图片。

1.点

(1)在需要拷贝的花样上指定[范围],见图 5-2-27。

(2)选择[拷贝]。

(3)选择模式,[点]为强制或往上。[例]选择[拷贝]—[点]—[强制]。

(4)按下[执行]。

(5)花样以白色的虚线显示。决定想要拷贝的位置后按下游标。见图 5-2-28。

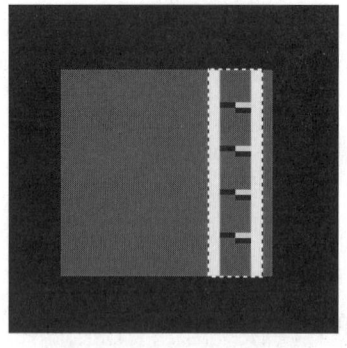 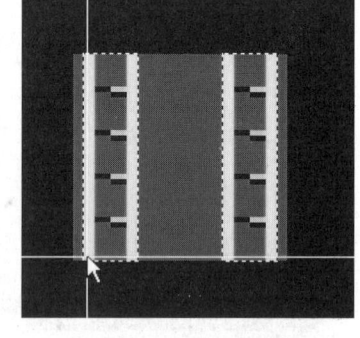

图 5-2-27　拷贝范围确定　　　图 5-2-28　确定位置

花样上有色号 0 的情况下，把色号 0 一起进行拷贝时选择［强制］，不一起进行拷贝时选择［往上］。见图 5-2-29。

用有色号 0 的基本花样选择［往上］的话，色号 0 的部分颜色存留在背景中。见图 5-2-30。

 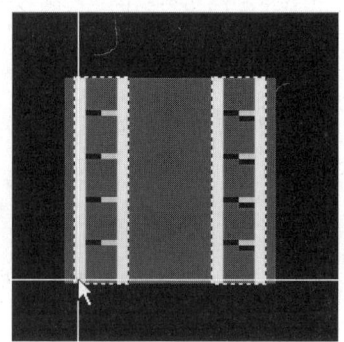

图 5-2-29　背景色　　　图 5-2-30　色号 0 部分

2.箭头

(1)在需要拷贝的花样上指定［范围］ ▭ 。见图 5-2-31。

(2)选择［拷贝］ ↗ 。见图 5-2-32。

(3)选择模式，［箭头］为强制或往上。[例]选择［左右相反］—［箭头］—［强制］，在［范围更新］上打记号。

(4)按下［执行］。

(5)指定拷贝的方向。➡，见图 5-2-33。

(6)左右反转后的花样拷贝到了右侧。范围在拷贝后的位置进行更新。见图 5-2-34。

(7)根据需要更改颜色。已经在右侧指定了范围可以轻易地进行颜色变更。

需要确认现在的范围在哪里时，按下［范围］ ▭ 或者辅助键盘的［AREA］，将以白色的虚线显示出来。

3.平滑

(1)在需要拷贝的花样上指定［范围］ ▭ 。见图 5-2-35。

第五章 电脑横机 CAD 设计

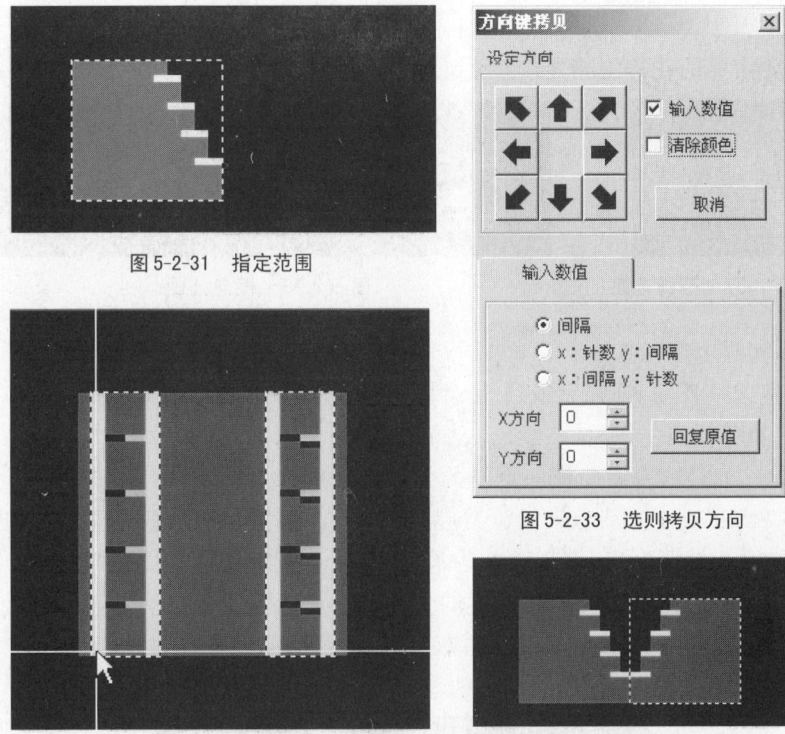

图 5-2-31 指定范围

图 5-2-33 选则拷贝方向

图 5-2-32 拷贝

图 5-2-34 更新范围

(2)选择[拷贝]。
(3)选择模式[平滑]。选择[左右相反]—[平滑],在[范围更新]上打记号。
(4)按下[执行]。

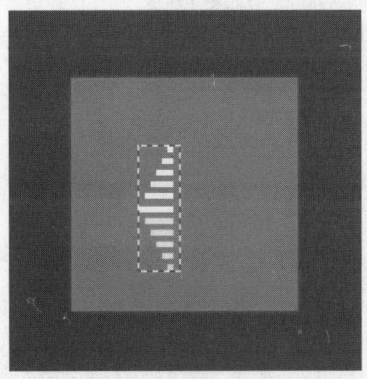

图 5-2-35 平滑范围

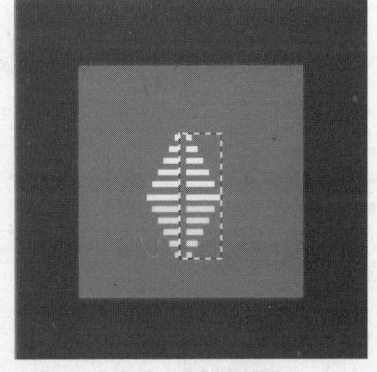

图 5-2-36 粘贴

(5)使用箭头键,[再移动]或者轨迹球决定位置。在[半透明]处打上记号,拷贝的花样将变成半透明,容易对准位置。决定了位置之后按下[粘贴]。见图 5-2-36。
(6)根据需要更改颜色。已经在右侧指定了范围可以轻易地进行颜色变更。

需要确认现在的范围在哪里时,按下[范围]或者辅助键盘的[AREA],将以白色的虚线显示出来。

105

4.自动

(1)在需要拷贝的花样上指定[范围] 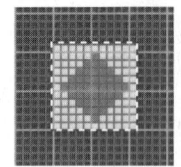 。见图5-2-37。

图 5-2-37 范围选定　　　图 5-2-38 横向范围

(2)选择[拷贝]  。

(3)选择模式,[自动]为强制或往上。如选择[拷贝]—[自动]—[强制]。

(4)按下[执行]。

(5)在"X—个数"输入需要横向重复的个数。这里选[3]。

(6)在"X 针距"处输入从原来的位置起,横(X)向把花样移动多少。范围尺寸自动在针距上显示出来。[X 针距=11]表示向右边移动11点后进行拷贝。见图5-2-38。

(7)在"Y—个数"输入需要纵向重复的个数。这里选[2]。

(8)在"Y 针距"处输入从原来的位置起,纵(Y)向把花样移动多少。范围尺寸自动在针距上显示出来。[Y 针距=11]表示向上边移动11点后进行拷贝。见图5-2-39。

图 5-2-39 纵向范围

(9)按下[执行]。

(10)指定基准位置。见图5-2-41。

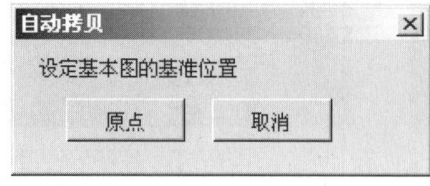

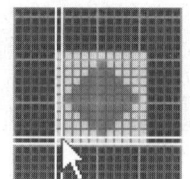

图 5-2-40 自动拷贝　　　图 5-2-41 基准位置

(11)指定开始位置。再一次指定与基准位置相同的位置时,从该位置拷贝花样。见图5-2-43。

图 5-2-42 起始点设定

图 5-2-43 拷贝完成

补充说明

自动选择范围：通过[自动选择范围]指定范围时，在该范围内将展开最大个数的基本花样。见图 5-2-44。

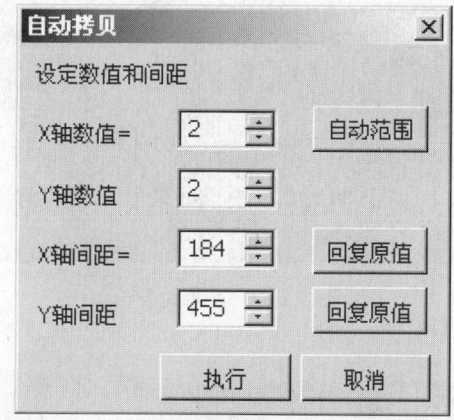

图 5-2-44 设定数值和间距

5.斜向

(1)在需要拷贝的花样上指定[范围] 　　。见图 5-2-45。

图 5-2-45 选择拷贝范围

(2)选择[拷贝] 　　。
(3)选择模式，[斜向]为强制或往上。[例]选择[拷贝]—[斜向]—[强制]。
(4)按下[执行]。
(5)在"个数"处输入需要斜向重复的个数。
(6)在"X针距"和"Y针距"处输入从原来的位置起，横(X)向和纵(Y)向把花样移动多少。范围尺寸自动在针距上显示出来。[X针距＝2][Y针距＝4]表示向右边移动2点，向上边移动4点后进行拷贝。见图 5-2-46。

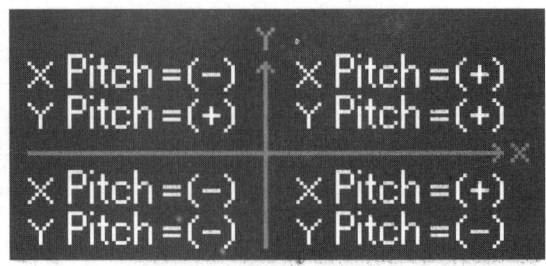

图 5-2-46 范围尺寸

(7)按下[执行]。

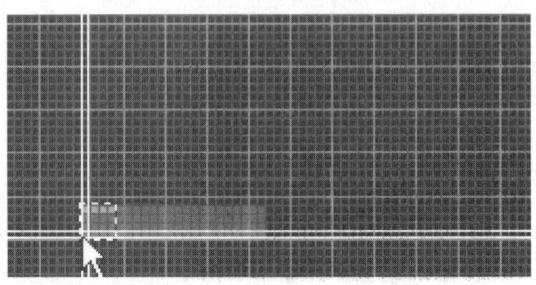

图 5-2-47 基准位置

(8)指定基准位置。

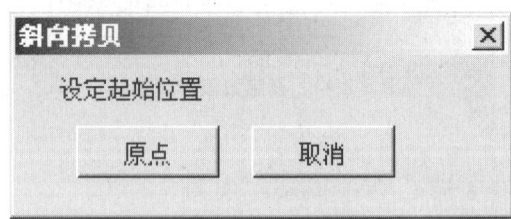

图 5-2-48 起始位置设定

(9)指定开始位置。再一次指定与基准位置相同的位置时,从该位置拷贝花样。见图5-2-49。

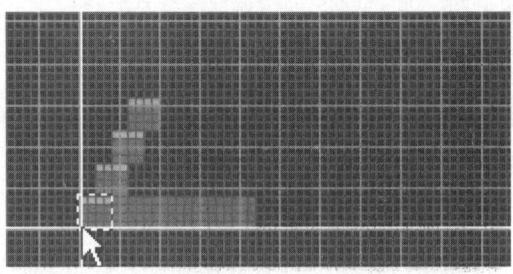

图 5-2-49 拷贝完成

八、补充说明

斜向范围:通过[斜向范围]指定范围时,在该范围内将展开最大个数的基本花样。见图5-2-50。

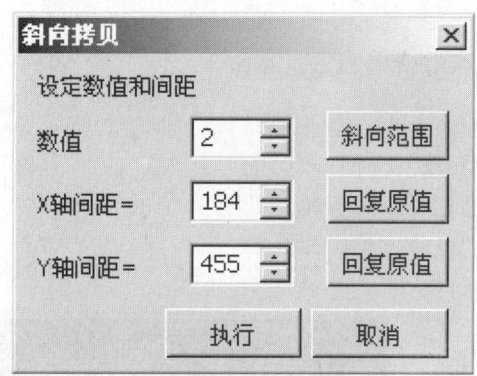
图 5-2-50　斜向拷贝设定

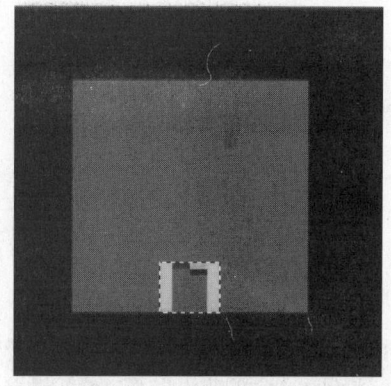
图 5-2-51　指定范围

1. 线条

(1) 在需要拷贝的花样上指定[范围] 　。见图 5-2-51。

(2) 选择[拷贝] 　。

(3) 选择模式[线条]。如选择[拷贝]—[线条]。

(4) 按下[执行]。

(5) 按下[设定拷贝范围]，指定需要把基本花样拷贝到哪里的范围，按下[执行]。见图 5-2-52 与 5-2-53。

(6) 在拷贝范围之中对基本花样进行拷贝。见图 5-2-54。

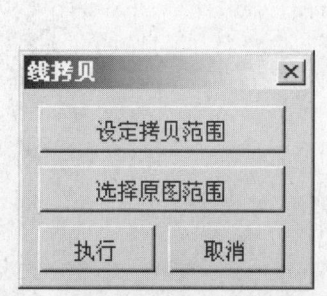
图 5-2-52　线拷贝

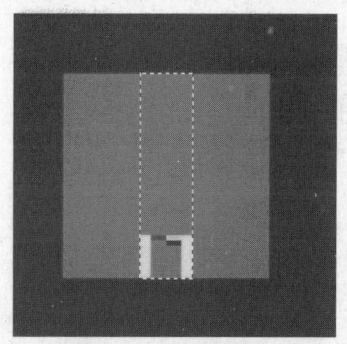
图 5-2-53　设定范围

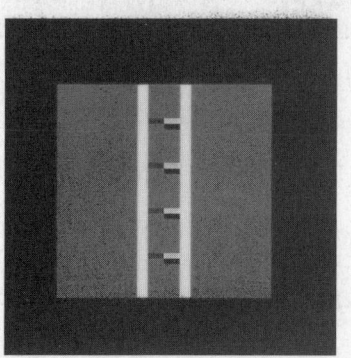
图 5-2-54　拷贝完成

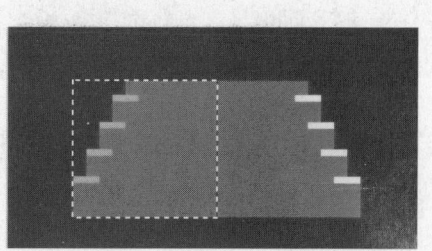
图 5-2-55　指定范围

2.同一点

(1)在同一位置需要左右反转的花样上指定[范围] ▭，见图5-2-55。

(2)选择[拷贝] 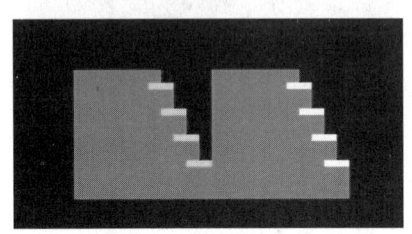。

(3)选择模式[同一点]。这里选择[左右相反]—[同一点]。

(4)按下[执行]。在同一位置上范围内的花样左右反转。见图5-2-56。

(5)相反一侧同样通过[同一点]进行左右反转。见图5-2-57。

(6)根据需要更改颜色。

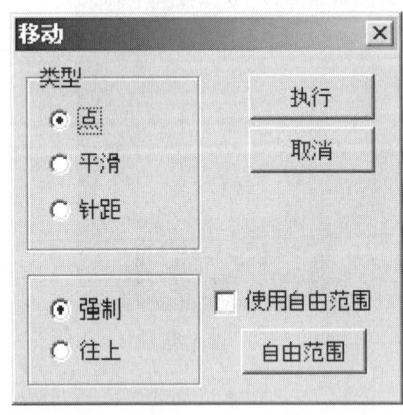

图5-2-56　同一位置左右反转

图5-2-57　相反一侧左右反转

九、移动操作程序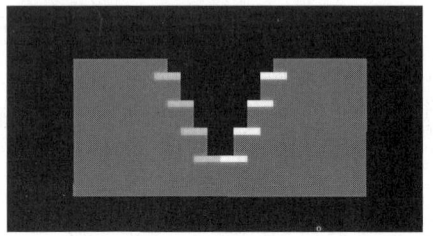

移动花样,范围也同时移动。见图5-2-58。

1.点

(1)在需要移动的花样上指定[范围] ▭。见图5-2-59。

图5-2-58　移动

图5-2-59　指定范围

(2)选择[移动] ——[点]—[强制],按下[执行]。

(3)花样以白色的虚线显示。决定要移动的位置后按下游标。没有问题的话,按下[取消]结束菜单。见图5-2-60。

(4)根据需要,在移动了的花样原来的位置上涂上颜色。

花样上有色号0的情况下,把色号0一起进行移动时选择[强制],不一起进行移动时选择[往上]。

用有色号0的基本花样选择[upper]的话,背景的颜色留存在色号0的部分中。

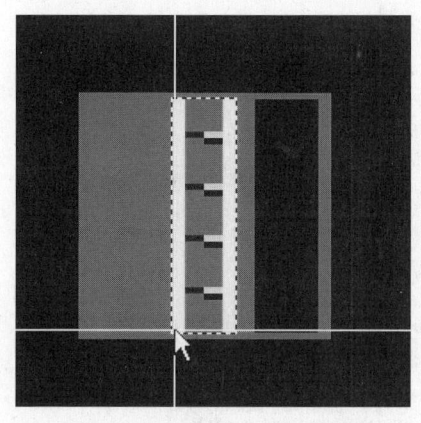
图 5-2-60　移到指定位置

图 5-2-61　涂色

2. 平滑

(1)在需要移动的花样上指定[范围] 。见图5-2-62。

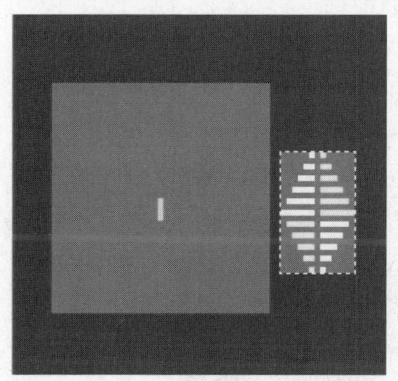
图 5-2-62　指定移动范围

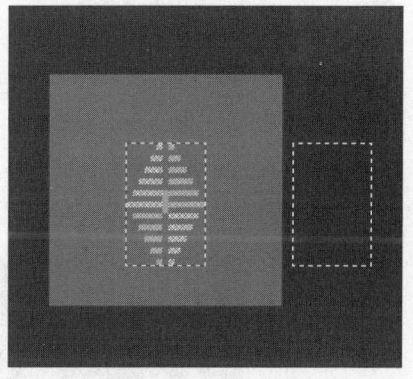
图 5-2-63　半透明花样

(2)选择[移动] —[平滑],按下[执行]。

花样的 0 号色不一起移动。

(3)使用箭头键 ,[再移动]或者轨迹球决定位置。在[半透明]处打上记号,移动的花样将变成半透明,容易对准位置。见图 5-2-63。决定了位置之后按下[粘贴]。没有问题的话,按下[取消]结束菜单。见图 5-2-64。

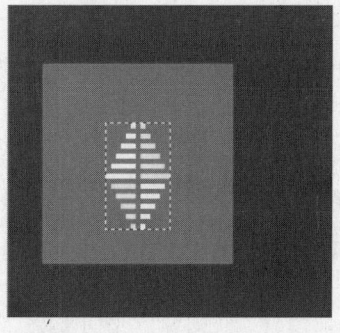
图 5-2-64　平滑完成

十、插入/删除操作程序

增加、减少范围内的线条。

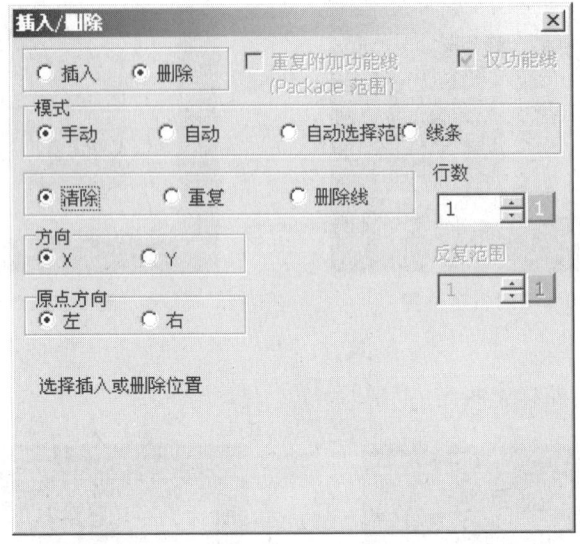

图 5-2-65　插入/删除

1.[插入]—[自动][例]制作成型的 V 形领部分

(1)在 V 形领部分指定[范围]　。

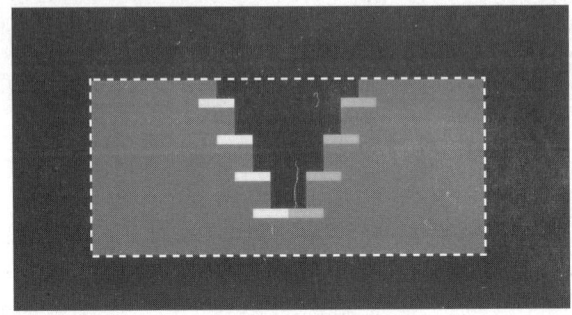

图 5-2-66　V 形领范围指定

(2)选择[插入/删除]　。

(3)选择[插入]—[自动]。

(4)选择"方向"。[Y]表示纵向增加。

(5)选择"原点方向"固定的位置。[下]表示在上方插入。

(6)在"线条数"处输入需要增加的线条数。"线条数"[2]。

(7)在"间距"处输入每隔多少行进行插入。"针数"[2]。

(8)按下[执行]。结果见图 5-2-68。

(9)在考虑编织的基础上把单侧移动 2 点。

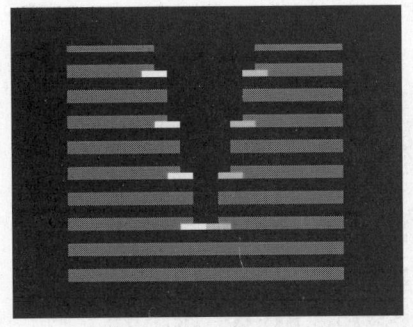 

图 5-2-67　线条数　　　　　　　图 5-2-68　插入结果

2.［插入］—［手动］　以增加花样宽度为例

(1)在整体花样部分指定［范围］ 。使用［Package 花样］较为便利。

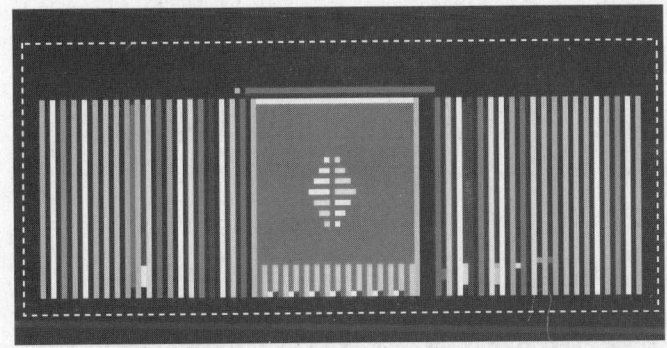

图 5-2-69　范围

(2)选择［插入/删除］ 。
(3)选择［插入］—［手动］。
(4)选择"方向"。［例］［X］:横向增加。
(5)选择"原点方向"固定的位置。［例］［左］:在右边插入。
(6)选择"重复"或"删除"。［例］［重复］:插入与游标指定位置相同的花样。
(7)在"线条数"处输入需要增加的线条数。［例］"线条数"［8］。

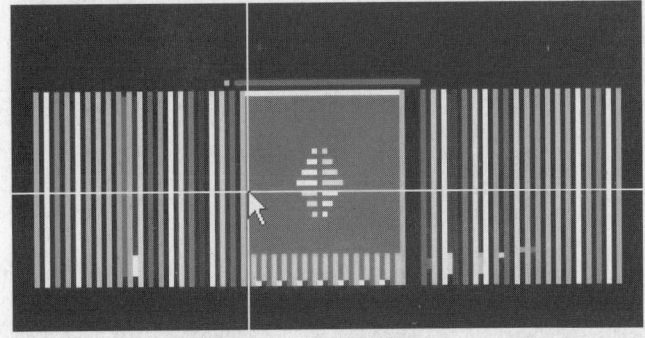

图 5-2-70　插入位置

(8)在"重复范围"处输入插入的基本花样尺寸。［例］"重复范围"［4］。

(9)指定想要插入的位置。从指定的位置起"原点方向"在[左]时向右,在[右]时向左插入。不破坏下面部分的花样,插入了输入的线条数。

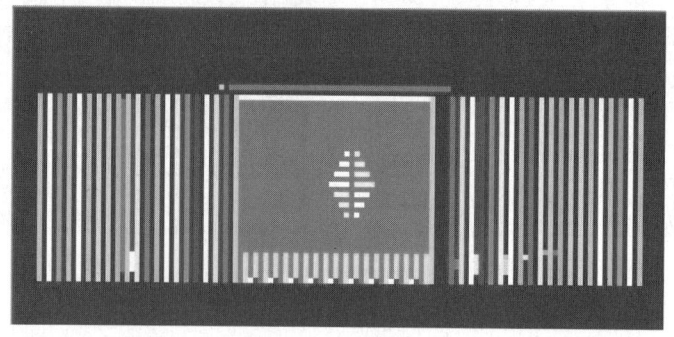

图 5-2-71 线条数

在范围内插入线条。注意不要解除范围外侧的花样。

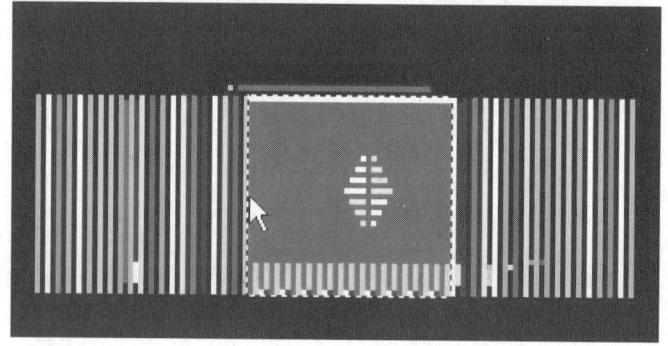

图 5-2-72 插入结果

3.[删除]—[自动] 以把成型的V形领部分回复原样为例。

(1)在需要回复原样的V形领部分指定[范围]▭。

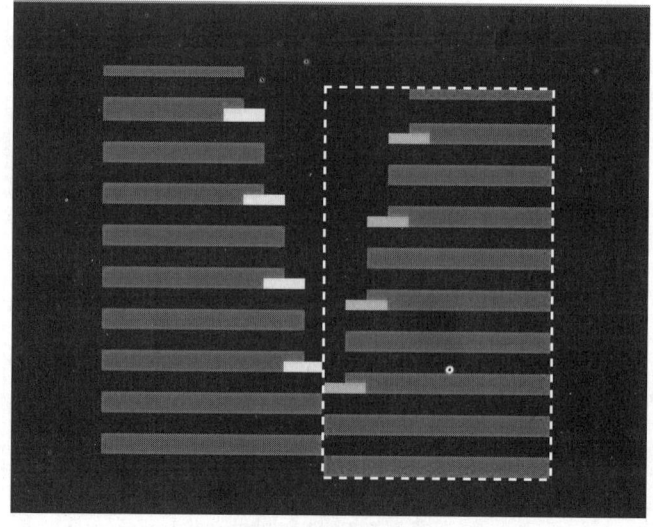

图 5-2-73 指定范围

(2)选择[插入/删除] 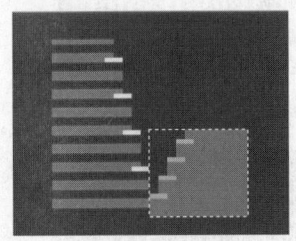。

(3)选择[插入]—[自动]。

(4)选择"方向"。[Y]:纵向减少。

(5)选择"原点方向"固定的位置。[下]:从上方删除。

(6)在"线条数"处输入需要删除的线条数。"线条数"[2]。

(7)在"间距"处输入每隔多少行进行删除。"针数"[2]。

(8)按下[执行]。

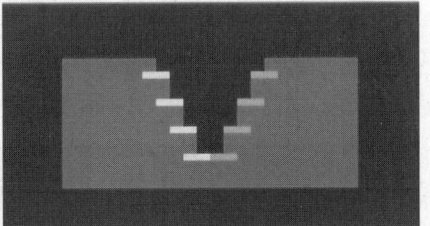

图 5-2-74 删除   图 5-2-75 完成状态

(9)相反一侧也同样进行删除,回复原来状态。

4.[删除]—[手动] 以减少花样长度为例

(1)在整体花样部分指定[范围] 。使用[Package 花样]较为便利。

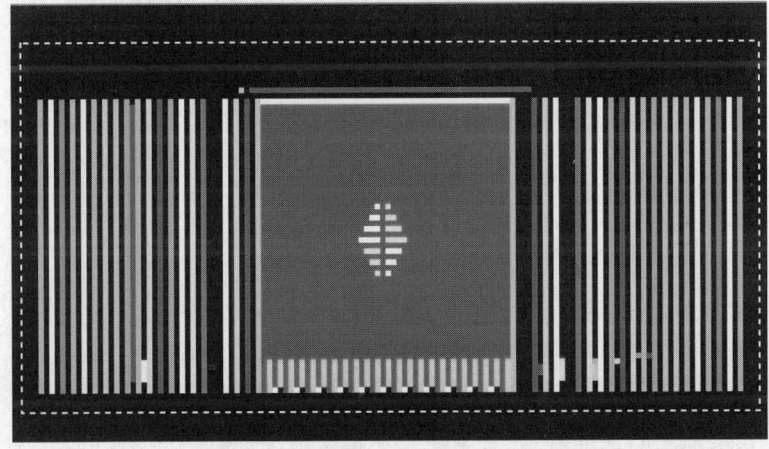

图 5-2-76 范围

(2)选择[插入/删除] 。

(3)选择[删除]—[手动]。

(4)选择"方向"。[例][Y]:纵向减少。

(5)选择"原点方向"固定的位置。[例][下]:从上方删除。

(6)输入需要删除的线条数。[例]"线条数"[8]。

(7)指定想要删除的线条。从指定的位置起"原点方向"在[下]时从上,在[上]时从下删除。见图 5-2-77。图 5-2-78 表示删除了输入的线条数。

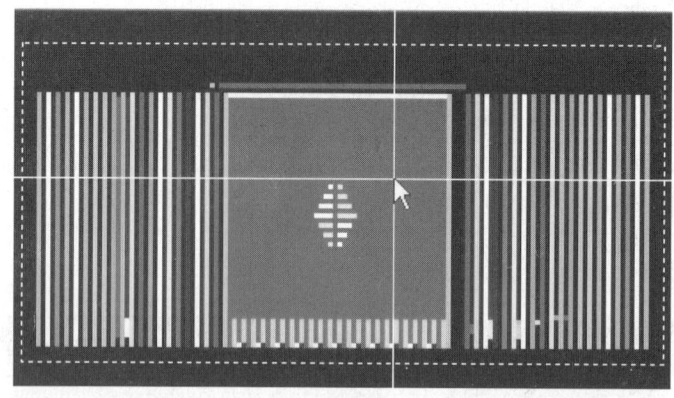

图 5-2-77 指定线条

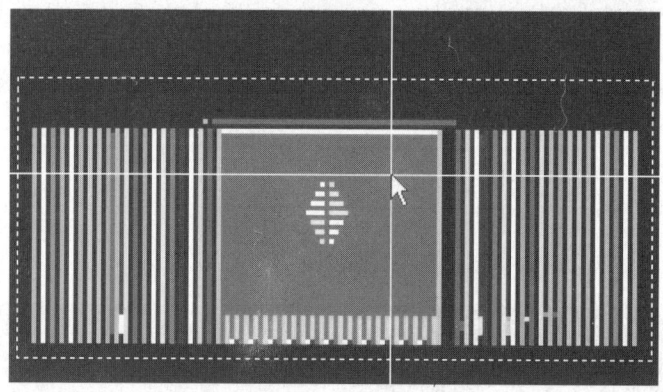

图 5-2-78 删除完成

十一、基本小图填入操作程序 ▨

在指定的颜色上重复基本花样（基本图）然后展开。

(1) 描绘花样和基本图（想要重复的基本花样）。

(2) 按下[基本小图填入] ▨ 。

(3) 通过[选择重覆范围]在花样上指定范围。见图5-2-80。

(4) 通过[指定范围的基准点]在基本花样上指定范围 ▨ 。

(5) 单击[再移动]，把[基本花样范围]上指定的范围移动到作为重复基准的位置上。

(6) 选择模式[强制]。

(7) 在[颜色号码]上指定重复基本花样部分的色号。按下"颜色号码"的颜色框，输入色号或者直接用游标按下画面上的颜色。这里选色号1。

(8) 按下[执行]。结果见图5-2-81。

基本花样内有色号0的情况下，重复色号0时选择[强制]，不一起重复时选择[往上]。

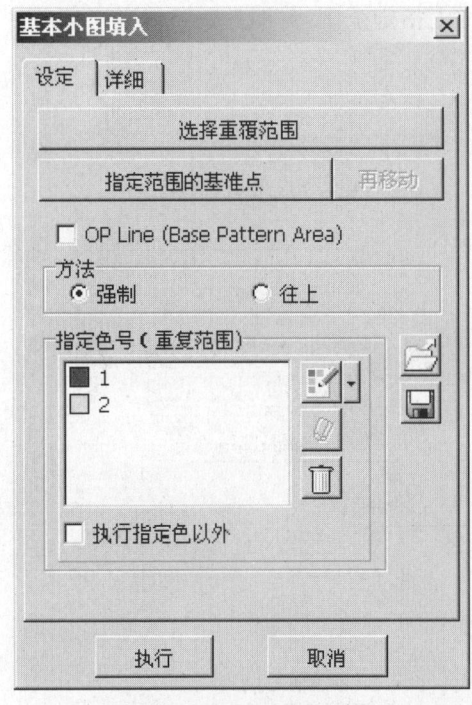

图5-2-80 指定范围

图5-2-79 基本图填入　　　　　　图5-2-81 填入效果

用有色号0的基本花样选择[往上]的话,色号0的部分颜色存留在背景中。见图5-2-82。
用有色号0的基本花样选择[upper]的话,背景的颜色留存在色号0的部分中。见图5-2-83。

图5-2-82　　　　　　图5-2-83　　　　　　图5-2-84 宽度间距

[宽度间距]:比输入的数值还小的宽度处,不重复基本花样。例如输入[宽度指定15]的话,不重复比15点小的地方。结果见图5-2-84。

1.[删除颜色]的使用例子

如果在软件包的压缩花样里作为基本图形装上既存的花样,用[删除颜色]比较方便。

以下的例子只既存的花样(颜色号码1和2)的颜色号码2向压缩花样(颜色号码200和201)的颜色号码201使之发展。

(1)描绘花样。

(2)按下[基本小图填入] 。

(3)通过[选择重覆范围]在花样上指定范围,见图5-2-85。

(4)通过[指定范围的基准点]在基本花样上指定范围,见图5-2-86。

(5)选择[方法],按下[往上]。

(6)指定[颜色号码]和[删除颜色],见图5-2-87。

图5-2-85 范围

图5-2-86

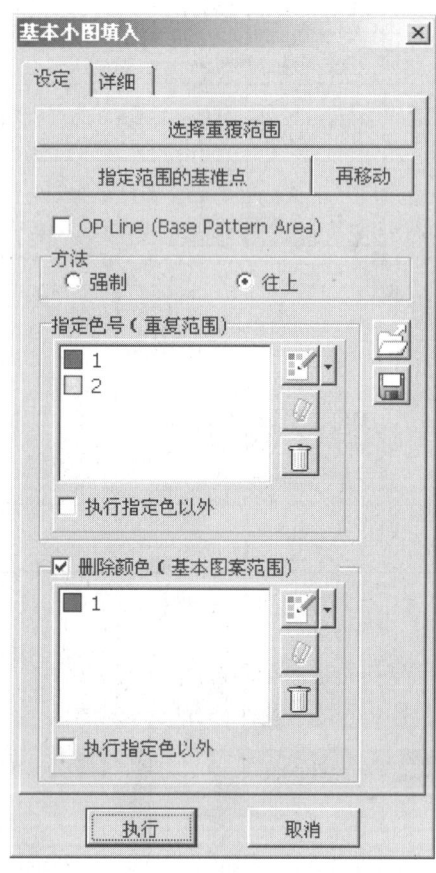

图5-2-87 指定色号

(7)单击[再移动],把[基本花样范围]上指定的范围移动到作为重复基准的位置上。见图5-2-88。

(8)按下[执行],结果见图5-2-89。

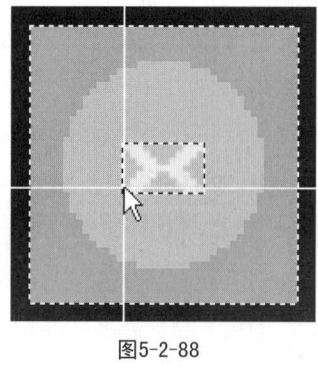

图5-2-88

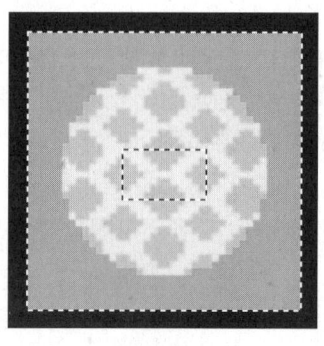

图5-2-89

十二、改变颜色操作程序

改变\交换颜色,对话框如图 5-2-90 所示。

1. 改变颜色

(1)在需要改变颜色的部分指定[范围]。见图 5-2-91。

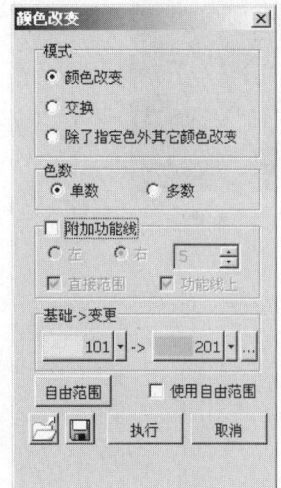

图5-2-90　颜色改变

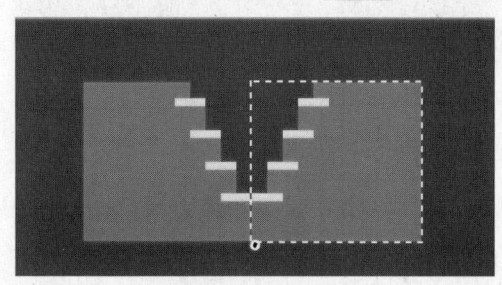

图 5-2-91　范围

(2)选择[改变颜色]—[改变颜色]。

(3)选择[单数]。通过[多数]可以同时改变多种颜色。选择[多数色]时,显示如图 5-2-92 所示菜单。

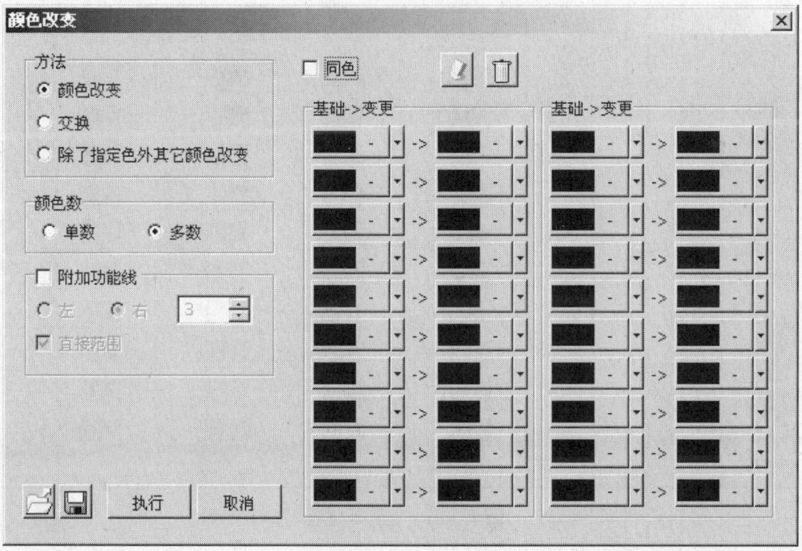

图 5-2-92　颜色改变

(4)指定原来的颜色。按下基础(Base)框,输入号码或者直接用游标指定颜色。[例]Base[62] 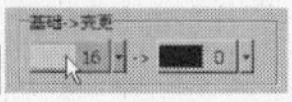　　。

(5)指定改变为多少号的颜色。按下变更(Change)框,输入号码或者直接用游标指定颜色。[例]Change[72] 　　。

(6)按下[执行],结果见图 5-2-93。

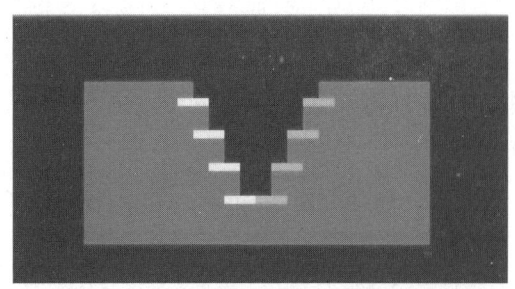
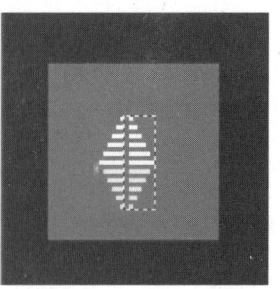

图 5-2-93　变色效果　　　　　图 5-2-94　范围

2. 交换颜色

(1)在需要交换颜色的部分指定[范围] ，见图 5-2-94。

(2)选择[改变颜色] —[交换颜色]。

(3)选择[单数]。

通过[多数]可以同时改变多种颜色。

选择[多数色]时,显示如图 5-2-95 所示的菜单。

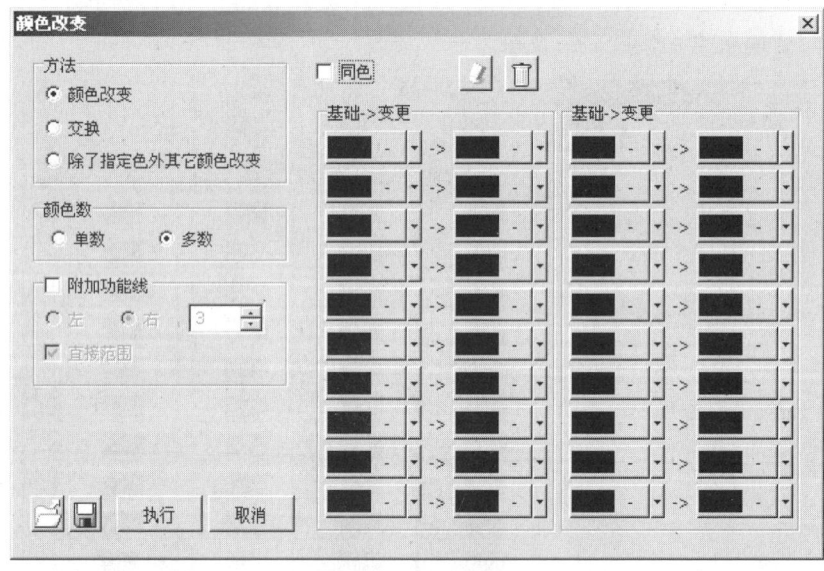

图 5-2-95　颜色改变

(4)指定想要交换的 2 色。按下框输入号码或者直接用游标指定颜色。[例]交换[6]和[7] 。

(5)按下[执行],结果见图 5-2-96。

3. 除了指定色外其他颜色改变

(1)在需要交换颜色的部分指定[范围] ,如图 5-2-97 所示。

图 5-2-96　颜色改变　　　　(2)选择[改变颜色] —[除了指定色外其他颜色改变]。

(彩)图 5-2-97 范围

(3)选择[单数色]。

(4)指定想要保留的颜色。按下基础(Base)框,输入号码或者直接用游标指定颜色。[例]Base[102] 。

(5)指定除了想要保留的颜色以外改变为多少号的颜色。按下变更(Change)框,输入号码或者直接用游标指定颜色。[例]Change[101]

(6)按下[执行],结果见图 5-2-98。

(彩)图 5-2-98 颜色交换效果

十三、附加功能线操作程序

描绘编织机器必要的指令(附加功能线),界面如图 5-2-99 所示。

1.自动描绘

(1)在花样上指定[范围],如图 5-2-100 所示。使用[花样范围]较为方便。

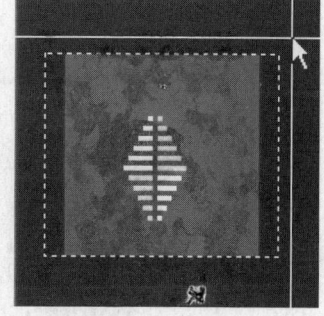

图 5-2-100 范围

(2)选择[附加功能线]—[自动描绘]。

(3)在必要的项目上打上记号。

[罗纹描绘]:自动描绘罗纹编织。选择罗形式。1+1和2+1形式选择罗纹的左端为[前床目]或是[后床目]。

[落布指令描绘]如图 5-2-102 所示:使用带有开始

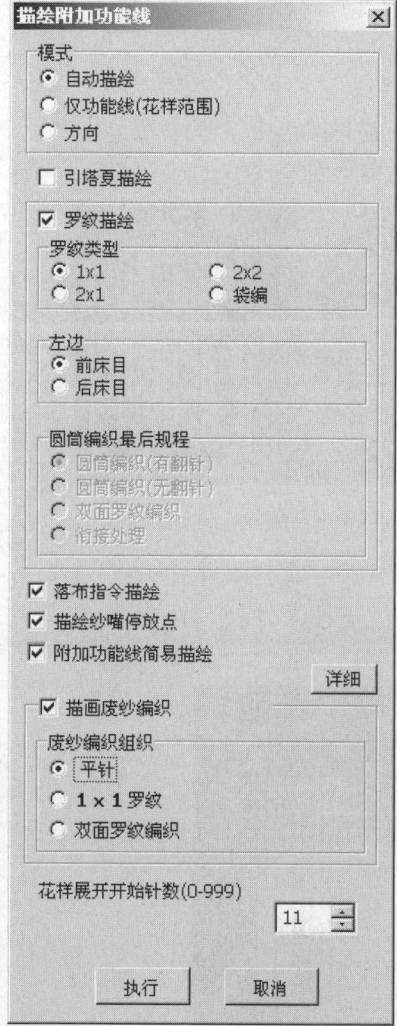

图 5-2-99 描绘附加功能线

编织装置的编织机器时打上记号。

［描绘纱嘴停放点］:描绘纱嘴停放点(色号 13;纱嘴的设定\复位)。

［附加功能线简易描绘］:自动描绘基本的附加功能线。

花样展开开始针数(0～99):指定花样从编织机器左端第几针开始展开。

(4)按下［执行］。结果见图 5-2-101。

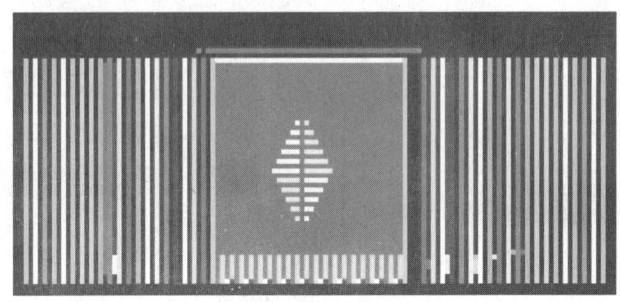

图 5-2-101　描绘效果

2.线条描绘

(1)在花样上指定［范围］ ，如图 5-2-102 所示。使用［花样范围］较为方便。

(2)选择［附加功能线］—［线条描绘］,按下［执行］。结果见图 5-2-103。

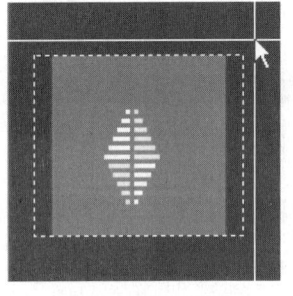

图 5-2-102　范围

图 5-2-103　线条描绘效果

3.方向描绘

(1)在附加功能线的内侧指定［范围］ ，如图 5-2-104 所示。使用［组织花样］＋［自动］较为方便。

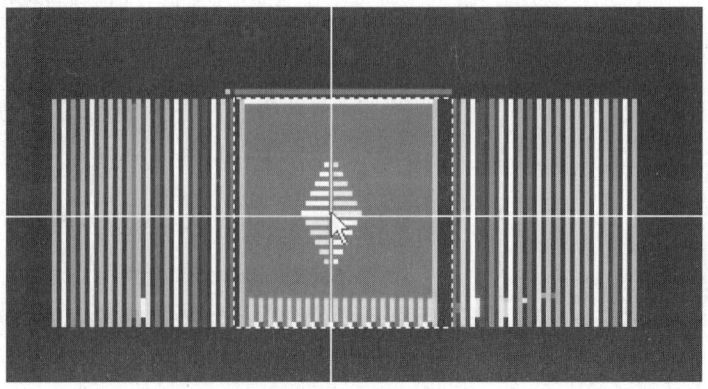

图 5-2-104　范围

(2)选择[附加功能线]—[方向描绘],按下[执行]。在附加功能线 R1、L1 线条上,描绘机头的前进方向(右=色号 6、左=色号 7),如图 5-2-105 所示。

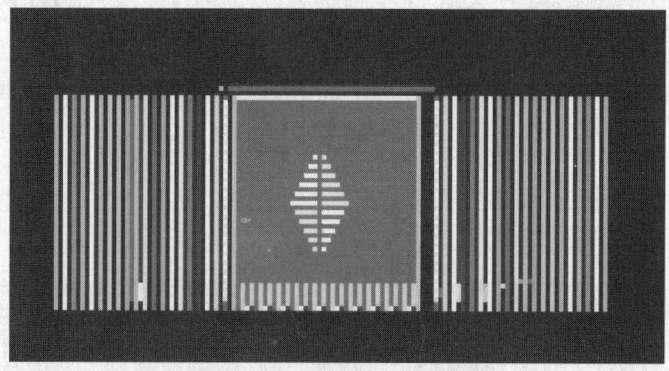

图 5-2-105　方向描绘效果

十四、自动纱嘴停放点操作程序

描绘自动纱嘴停放点(色号 13:纱嘴的设定\复位),见图 5-2-106。

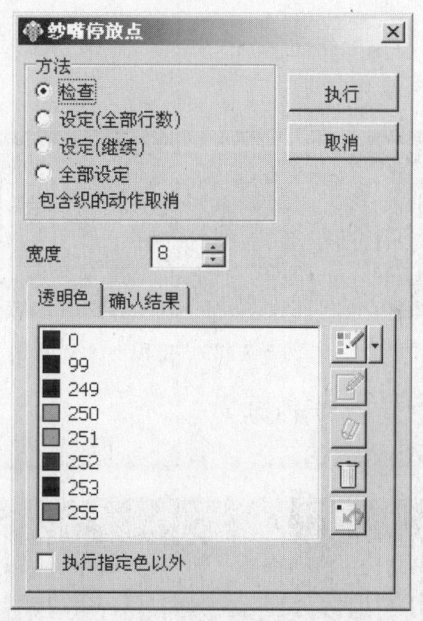

图 5-2-106　纱嘴停放点

1. 全部设定

(1)在花样上左右空出 1 点以上指定[范围],如图 5-2-107 所示,如图 5-2-109 所示。带有附加功能线的花样使用[范围]—[组织花样]较为方便。

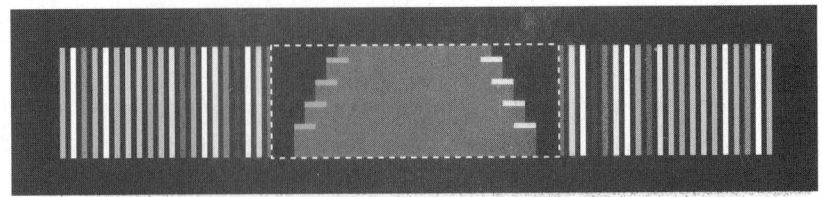

图 5-2-107 范围

(2)选择[纱嘴停放点] ▯ —[全部设定]。
(3)按下[执行],结果见图 5-2-108。

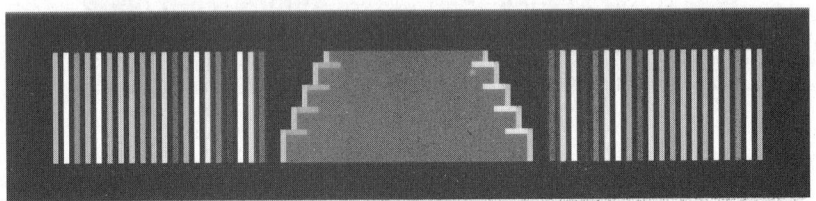

图 5-2-108 描绘结果

2. 设定(继续)

(1)在花样上左右空出 1 点以上指定[范围] ▯,如图 5-2-109 所示。带有附加功能线的花样使用[范围]—[组织花样]较为方便。

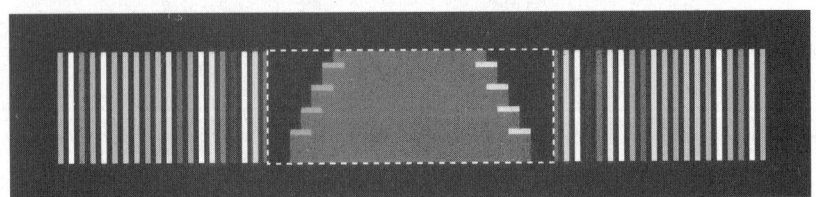

图 5-2-109 范围

(2)选择[纱嘴停放点] ▯ —[设定(继续)]。
(3)按下[执行],结果见图 5-2-110。

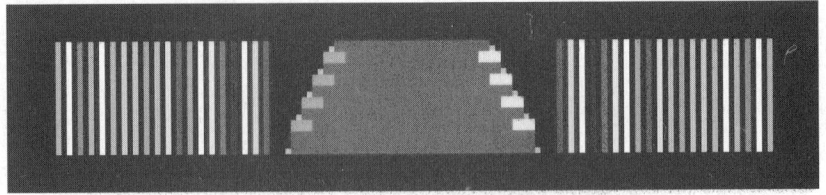

图 5-2-110 设定结果

十五、文件操作程序

保存、读出花样，界面如图 5-2-111 所示。

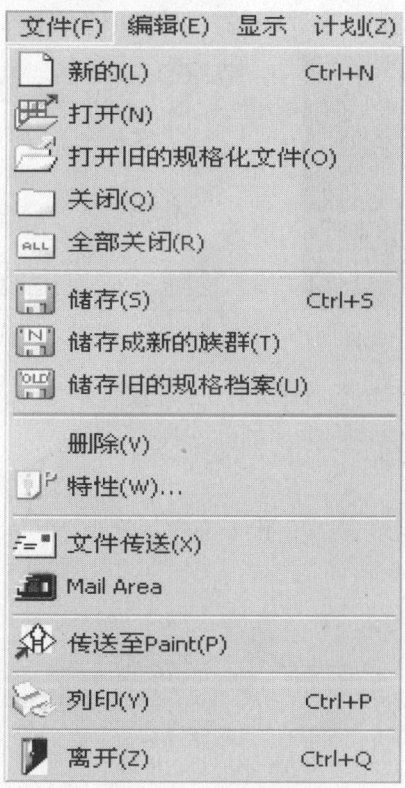

图 5-2-111　文件菜单

1. 保存花样

保存花样可用软盘或 MO 磁盘，界面如图 5-2-112 所示。

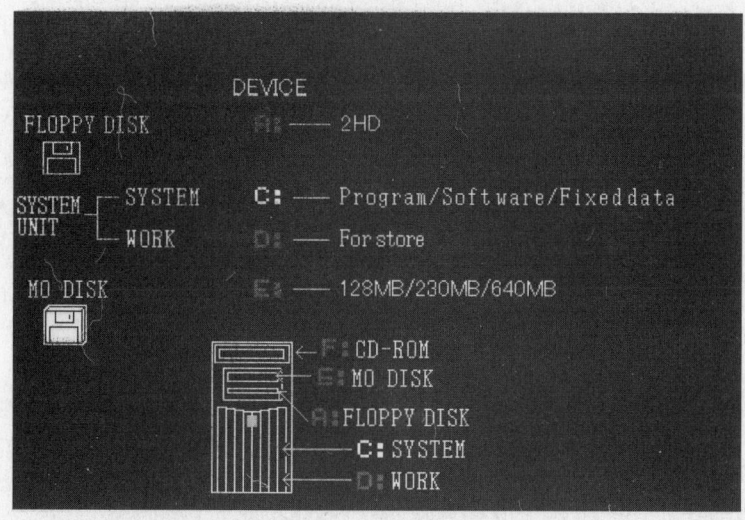

图 5-2-112　保存花样

(1)准备需要保存的花样,见图5-2-113。
(2)选择上面的[文件]—[保存在新群组]。
(3)指定名称及保存位置。需要更改保存位置的设备时,按下[参照]指定设备和文件夹,选择[所有范围]。这里指定名称[a],保存位置[D:\SYSD],见图5-2-114。

图 5-2-113　花样

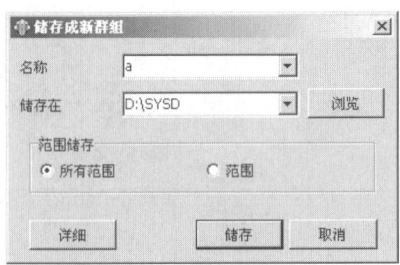
图 5-2-114　名称与位置

(4)确认[详细]。在[开新相同名称文件夹,追加保存]打上记号,按下[OK]。

图 5-2-115　详细

(5)按下[保存]。
在[开新相同名称文件夹,追加保存]打上记号,数据可以群组化储存。
(6)准备想要保存在同一群组内的花样。名称·保存位置·详细照原样不变按下[保存]。
制成"名称"相同的文件夹 ,数据带上号码,见图5-2-117。

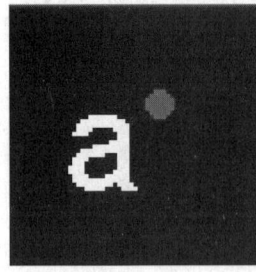
图 5-2-116　保存

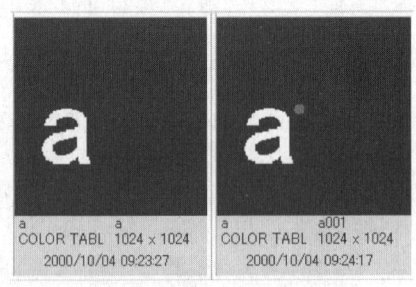
图 5-2-117　带号码数据

2.读出花样
(1)选择[打开] 。
(2)在左侧选择保存读出花样的设备和文件夹。

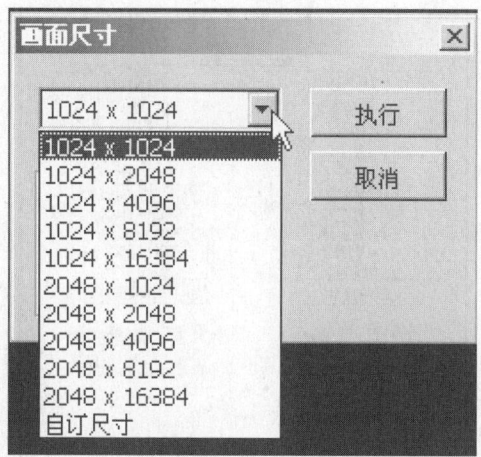

图 5-2-118　尺寸选择

（3）选择群组规格化的[新群组]。

[旧群组]：APPAREL TOTAL DESIGN 中群组保存的数据。[旧格式]：以前的 SDS 中保存的数据(＊.有 PID 的数据)。

（4）选择读取游标位置数值显示的[新读取]。

[练习]读出保存的花样。

需要更改视窗的尺寸时，按下左下方的视窗尺寸显示 ，选择尺寸。见图 5-2-118。

第三节　电脑横机花型 CAD 设计实例

一、设计要求

1. 使用 Shima Seiki(岛精)花型设计系统 SDS–ONE 设计一款两色横条单面嵌花女衫，款式如图 5-3-1 与 5-3-2 所示。

图 5-3-1　正面款式　　　　　　　　　图 5-3-2　反面款式

2. 编织工艺单见图 5-3-3。

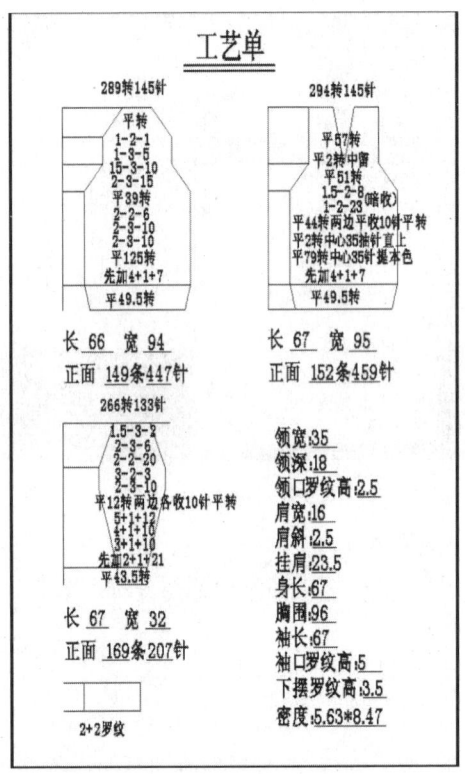

图 5-3-3 编织工艺单

二、SDS – ONE 设计过程

1. 新建文件,界面如图 5-3-4 所示。

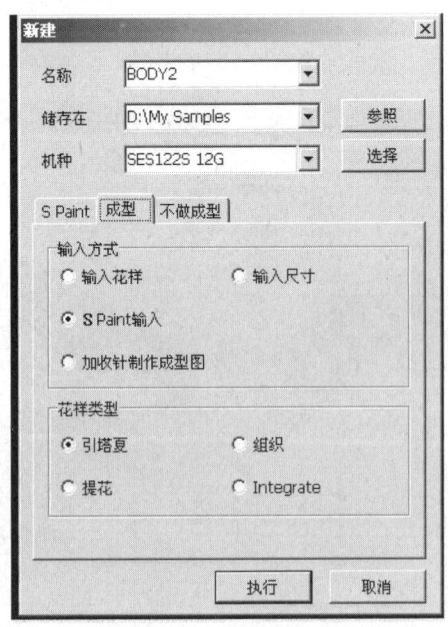

图 5-3-4 新建文件

2.选择制作花样,如图 5-3-5 所示。

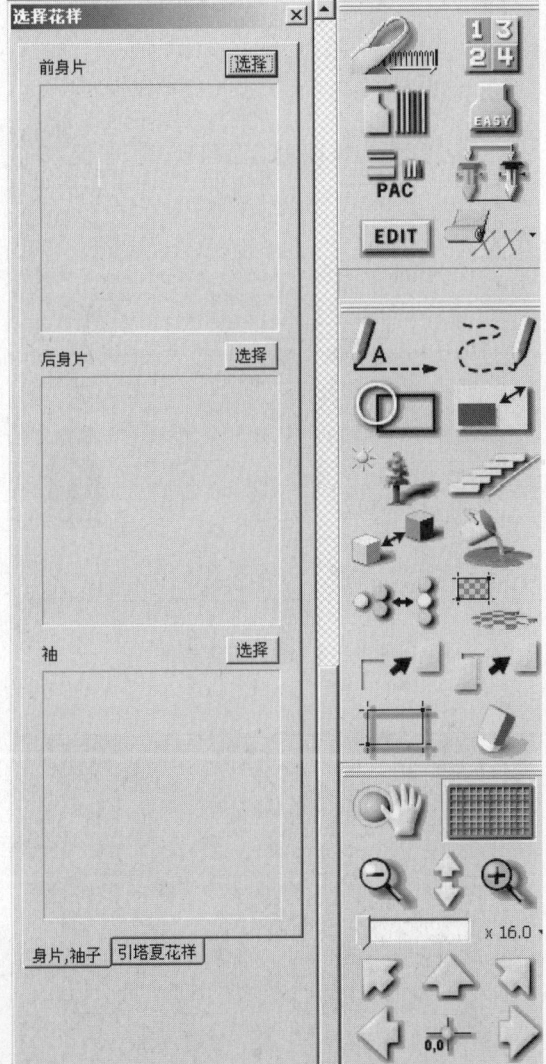

图 5-3-5　选择制作花样

3.输入工艺规格,如图 5-3-6 所示。

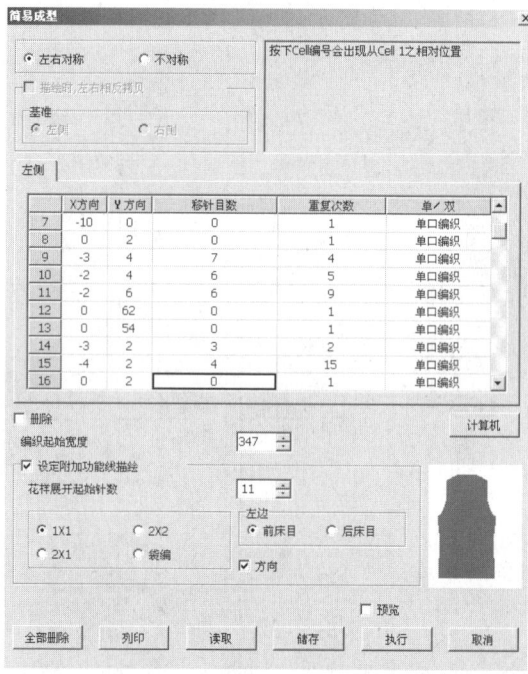

图 5-3-6　输入工艺规格

4. 生成模型,如图 5-3-7 所示。

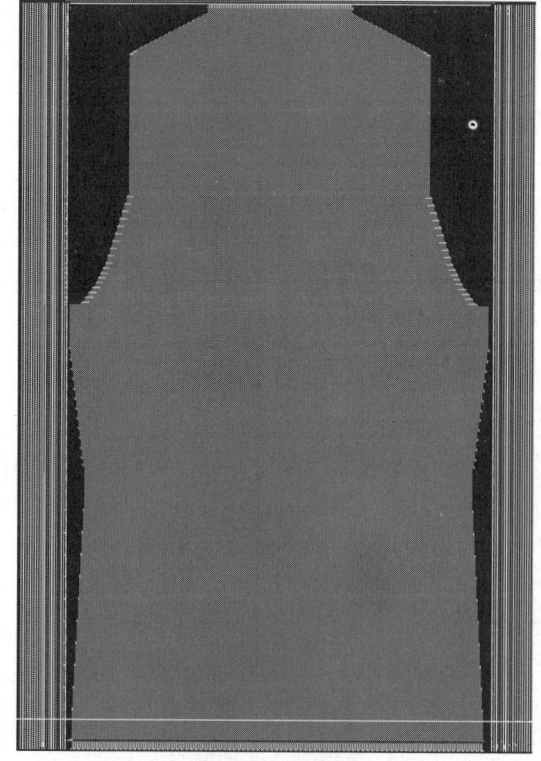

图 5-3-7　模型图

5. 画图：利用各种作图工具绘图。工具图如图 5-3-8、9、10 所示。

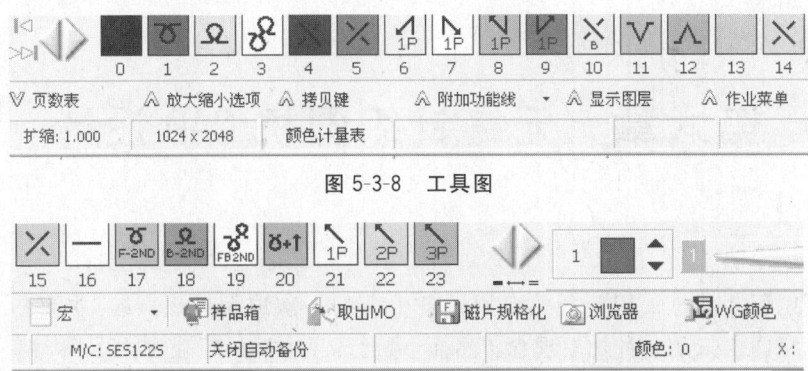

图 5-3-8　工具图

图 5-3-9　工具图

图 5-3-10　工具图

6. 完成图：完成效果如图 5-3-11 所示。

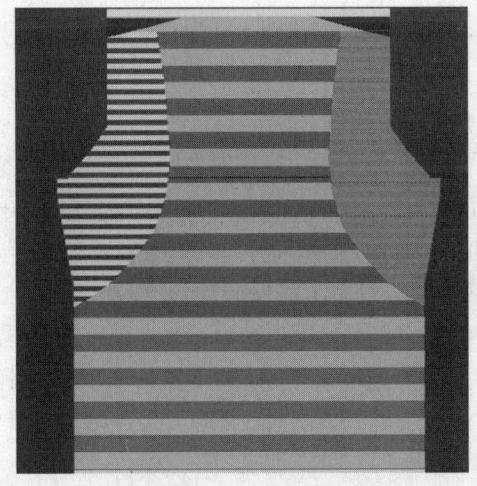

(彩)图 5-3-11　完成效果

花型设计完成后将花型数据进行处理，得到横机通讯软件能够识别的数据，发送到横机。横机根据织针数、行数、前针板数据、后针板数据和床位数据便可进行编织。

第六章　无缝针织圆机 CAD 设计

无缝针织服装就是采用新颖的专用设备生产的一次成型针织服装,主要指无缝内衣。以往制作无缝内衣只是一种抽象理念。然而,最近几年中针织行业发生了重大变化,其中无缝技术已成为一种趋势。最初无缝技术的应用仅限于生产内衣,后来其应用推广到时装,从而为时装业开创了一个新时代。它运用生产高弹性针织外衣、内衣和高弹性运动装的高新科技,使颈、腰、臀等部位无需接缝,将舒适、体贴、时尚、变化集于一身,具有穿着合体、样式时尚新颖的特点。除了创造新的趋势之外,无缝技术还可缩短生产流程和减少材料浪费,更可提高服装的舒适感和合身性,在悬垂性和线条等方面使服装独具特色,引人注目。

世界上生产无缝针织服装设备的权威意大利 SANTONI(圣东尼)公司生产和销售的无缝针织机,目前在全球市场的占有份额高达 90%。我国引进的圣东尼设备一般以 SANTONI—SM8—83 为主,有 TOP1,TOP2,TOP2S 三种型号,其中以 TOP2S 的各项功能最为全面。无缝内衣的设计必须要有 CAD 系统支持,通过 CAD 系统进行花型图案设计和程序编制。一个完整的 CAD 设计系统由两部分组成:一部分为花型图案;一部分为程序指令。产品的花型、尺寸、款式、组织结构、密度、机器转速、升降哈夫盘、哈夫针进出、牵拉吸风大小、喂纱嘴换纱动作、沉降片进出、自动加油等全部指令,必须由产品工艺设计人员根据产品的要求进行设计。以下以 SANTONI - SM8 - 83 TOP2S 的 CAD 设计系统为例进行介绍。

第一节　SANTONI(圣东尼)设备

SANTONI(圣东尼)无缝针织圆机(见图 6-1-1)主要由给纱或送纱机构、编织机构、牵拉卷取机构、传动机构、电子控制机构及辅助机构组成。目前使用较多的是单针筒圆机。根据筒径的大小,有 17″—1536 针、16″—1440 针(1392 针)、15″—1344 针(1248 针)、14″—1248 针(1152 针)、13″—1152 针(1056 针)、12″—1056 针等规格。

1. 给纱机构:把纱线从纱筒上退解下来输到编织区域。

(1)消极式给纱:即在编织时,借纱线的张力将纱线从卷装上引出并抽到成圈区域。

(2)半积极式给纱:在专门装置控制下,以规定速度强制性地将纱线送入成圈区域。这样可以保证每个线圈的大小均匀。如内衣机上的 LGL 锦纶输送器。

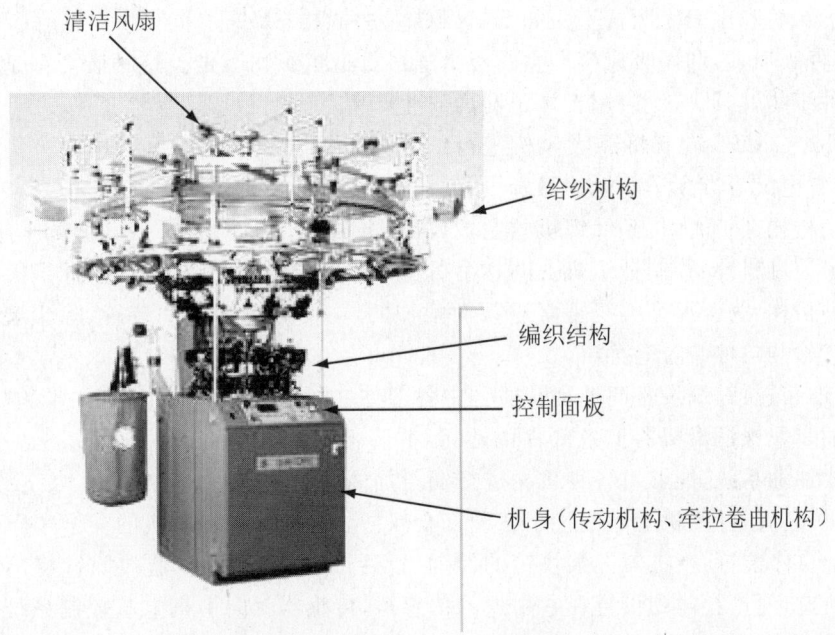

图 6-1-1 SANTONI 无缝圆机

(3)积极式送纱:在强制供给纱线时,根据纱线张力的变化相应地改变给纱速度,以保证给纱张力均匀。由于这种送纱方式既能控制速度又能控制张力,因此被广泛地应用于袜机和内衣机上。如内衣机上的十个 KTF 高性能恒张力送纱器。氨纶的 KTF 如图 6-1-2 所示。

2.编织机构:将纱线通过成圈机件的运动编织成针织物,能独自使送入的纱线形成线圈而编织成针织物的编织机构单元称为成圈系统。圆型纬编针织机一般都装有多个成圈系统,如 SM8－8 TOP2 内衣机有 8 个成圈系统,每个成圈系统有 8 个导纱管,如图 6-1-3 所示。

图 6-1-2 氨纶的 KTF

图 6-1-3 编织机构

3.牵拉卷取机构:把刚成形的线圈从成圈区域拉走,以便于织针编织下一个线圈。目前针织机上应用的牵拉装置有两种:一种是连续罗拉牵拉式;另一种是单件吸风式。

(1)连续罗拉牵拉式:利用两个卷布辊把编织下来的织物绕成筒状,这种机构被广泛应用在双面针织机和单面大圆机上。如 SANTONI 内衣机 SM9。

(2)单件吸风式:利用吸风机产生的吸力通过管道把织物吸走。这种装置只适用于编织较短的单件织物,因此广泛应用于袜子和内衣生产中。

如 SM8－TOP2 内衣机靠吸风机进行织物的牵拉。一般工厂里采用中央集体吸风方式,这样既省电又可减少车间里的噪音。

4.传动机构:将动力传到针织机的主轴,再由主轴传动各个机构,使其协调工作。

5.电子控制机构:控制针织机上的各个机构工作及配合的系统,可称作针织机的大脑。

6.辅助机构:为了保证编织正常进行而附加的,主要有自动加油装置、除尘装置、断纱、破洞及坏针检测自停装置等等。

(1)加油装置:针织设备高速动转过程中各部件之间会产生摩擦,产生大量的热能,因此必须有加油装置来润滑机器上各部件的运行,并降低机器的温度。现有针织机一般都是全自动循环式加油系统,能够对各种机构进行润滑加油。油箱如图 6-1-4 所示。

(2)保护装置:针织机上还配置了各种安全保护装置以保护针织机的安全生产。

a.断针自停装置:当机器上某枚针的针勾、针舌或针脚断裂后,这枚织针将不能按照正常的运动轨迹运行,会碰到设置在它附近的传感器,传感器就向主机电脑控制系统发出停机信号,因而机器会自动报警停机。如内衣机上每路的探针器,第二路和第六路的断针自停装置,哈夫盘高位和低位的传感器装置等等。探针装置如图 6-1-5 所示。

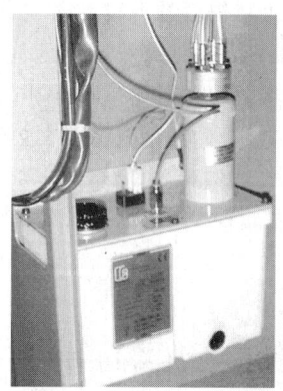

图 6-1-4 油箱

图 6-1-5 探针

图 6-1-6 开针勾

b.打开针舌装置:在针织机的成圈系统前均有打开针舌的装置,以利于编织的顺利进行。尤其是单只落袋式的袜机和内衣机。每次循环开始均需要重新打开针舌,在袜机和内衣机上均可装配机械式开针勾打开针舌,有的袜机上还有压缩气开针器,将关闭的针舌吹开。开针勾如图 6-1-6 所示。

(3)哈夫盘装置:哈夫盘主要是参与编织织物罗口的扎扣。

内置哈夫针数量是针数的一半,其中 1/4 是高脚哈夫针,3/4 是低脚哈夫针。哈夫针的推进和推出分别由置于第五路的哈夫针推出三角、程序编号(91)和推进三角程序编号(92),按照规定角度进入或退出工作位置。最终达到哈夫针与第五路织针配合,共同完成罗口的扎扣部分。哈夫盘的程序编号是(93),可以用操作面板上的CTRL+向上箭头和向下箭头来控制升降。它相对于针筒而言有三个位置:(1)原始位置;(2)A位(高位);(3)B位(低位)。在实际生产中哈夫盘一般置于A或B位,编织罗口双层时用A位,罗口双层结束编织单面时用B位,由程序来控制。哈夫盘呈圆饼型,上半部分固定不动,下半部分始终与针筒作同步运行。其顶端内置编码传感器(encoder),编码器及时精确地把主机运行信频数据传输给主板,再由主板的微处理器来控制各机构的协调工作。哈夫盘上方固定部位每路置有1个夹子,其中2路和6路各2个,程序编号分别是18、38(37)、58、78、98、118(117)、138、158。由程序编号密切配合导纱管,夹住弹性纱线,如氨纶、包纱。2、4、6、8路各置一把垂直剪刀,程序编号分别是39、79、119、159。圆盘剪刀固定于哈夫盘的下半部分,始终与针筒作同步转动。哈夫盘上的每个吸废纱管旁有一根吹废纱管,程序编号第一路、第二路、第五路、第六路是85;第三路、第四路、第七路、第八路是86。

其次哈夫盘装置还装有许多附属装置,列举如下:

a. 吸废纱装置及剪刀系统:在袜机和内衣机上,由于经常要调换纱线编织,就需要剪刀装置将退出工作的纱线剪断。同时需要吸废纱系统把纱头吸住,并把剪断的纱头从编织区域吸走。一般袜机和内衣机上的剪刀由直剪刀和圆盘剪刀两部分组成,如图6-1-7所示。

b. 纱线夹子装置:随着化纤工业的发展,弹力纱线被越来越多地应用到针织工业中,尤其是袜业和内衣行业。当这些弹力线退出工作被剪刀剪断后,因其自身的弹性会从导纱管中弹出,影响到下一次编织。因此在袜机和内衣机中每一成圈系统均装配有纱线夹子(见图6-1-8),阻止弹力纱线弹出导纱嘴。

图6-1-7 直剪刀

图6-1-8 纱线夹子

第二节　SANTONI(圣东尼)CAD系统主要功能

在 SANTONI TOP2S 全成型内衣设计软件中,画图设计与程序指令的设定是分开的。目前使用的是由 DINEMA 公司设计的 GRAPHIC 6 的软件版本。其中画图使用的是 PHOTON,而程序编制使用的 QUASARS。

一、花型图案设计

PHOTON 主要可以设计产品的款式、花型、大小及组织结构等。用该软件画图会得到三种格式的文件:*.pat、*.sdi、*.dis。SDI 花型和 PAT 花型都是 DIS 花型的辅助花型格式。SDI 图是 PHOTON 软件中的花型基本形状图,设计花型使用的颜色为除去黑、绿、红、黄外的所有颜色。PAT 图是表示一个或几个完整循环织物的织物组织结构图。PAT 图中使用的颜色是机器能够识别的黑、绿、红、黄四种颜色,大小为所要编织组织的完整循环数。因此在设计过程中需要把 PAT 图依次填入 SDI 图中的各个色块,把两者结合才能生成一个新的可以上机的 DIS 图。指令程序最终能读取的是 *.dis 文件。如果没有经过特见图 5-2-36。殊设置,程序只能读取 4 种颜色,分别是黄色、红色、绿色和黑色。这四种颜色代表四种完全不同的走针方式,即表示同一路的两个选针器的不同状态。黄色表示两个选针器都送针,效果是平针;红色表示第一个选针器送针,第二个选针器不送针,效果是提花;绿色表示第一个选针器不送针,第二个选针器送针,一般用于添纱编织,和红色一起用;黑色表示第一个选针器和第二个选针器都不送针,浮线、吊针、交织、假罗口之类都要运用到黑色。

PHOTON 的窗口如图 6-2-1 所示。

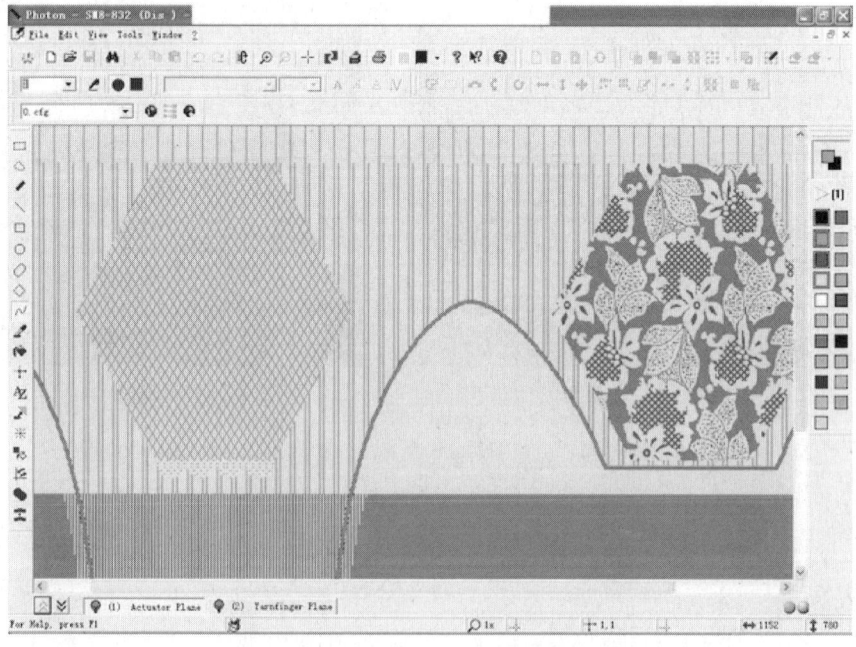

图 6-2-1　PHOTON 窗口

（一）File（文件菜单）

Select machine（选择机器）

在设计或修改花型之前要先选择机器的类型，设计或修改的花型将保存在所选机器类型的花型列表中。

New（新建）

在 PHOTON 中创建新的花型，包括 DIS、SDI 和 PAT 花，如图 6-2-2 所示。

确定花型类型后，出现一个对话框要求选择所建花型的针数和横列数（花型中一个小方格代表一个线圈），如图 6-2-3 所示。

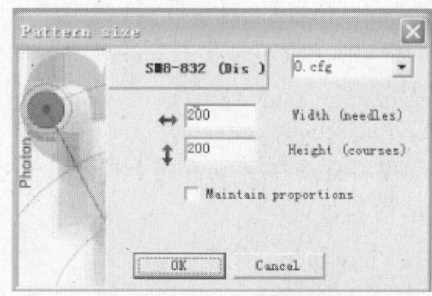

图 6-2-2　新建花型　　　　　　图 6-2-3　针数和横列选择

对话框中有一个 maintain proportions（保持比例），如在这个选项前面打勾，则在修改花型的针数或横列数时，另外一项也将随之改变，花型的长宽比例保持不变。

Open（打开）

打开所选择的机器类型中所具有的花型（包括 DIS、SDI 以及 PAT），在文件形式处选择要打开的花型类型。在花型列表窗口中，可以通过按预览键 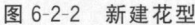 来预览花型。同时，在这个窗口中，也可以通过右键点击花型的名字来删除花型（delete）或对花型重新命名（rename）。

Close（关闭）

关闭当前运行的花型而不退出 PHOTON 页面。如果文件中包含未保存的修改，则在关闭之前会询问是否保存。

Save（保存）、Save as（另存为）

将设计或修改过的花型用当前的名字及所在的位置保存。或者将目前运行的花型以新的名字保存。将花型另存时可以选择保存为不同的花型类型。将右下角的 compress 旁边的方框打勾，可以将花型压缩，从而节省空间。

Import（输入）命令只对在程序中正在运行的花型有效。

可以将 bmp、jpg 等格式的图片或扫描的图片以及其他机器类型的花型转化到所选机器类型的机器中。点击此命令以后，会有对话框出现，按照提示步骤进行操作。

Print（打印）　根据需要选择要打印的图案和参数。

Print preview（打印预览），预先查看打印效果图。

Setup printer（打印设置），设置打印参数。

Exit(退出),退出 Photon 程序。

(二)Edit(编辑)

Cancel(撤消)　　快捷键为"Ctrl+Z",用来撤消已经进行的操作。

Repeat(前进)　　快捷键为"Ctrl+Y",在撤消了一些动作以后,可以用这个键来进行恢复撤消的动作。

Cut(剪切)　　移动正在运行的部分到一个暂时的剪切板上。

Copy(复制)　　将选中的区域复制到剪切板上。

Paste(粘贴)　　将在剪切板上的复制或剪切的区域粘贴到所想要的地方。

Select all(全选),将花型全部选中。也可在选择了一个小区域后,按 F10 选中并扩展到整个花型。

Horizontal-vertical selection of the pattern(水平或垂直选择),在选择了一个区域后,按 F8 键,程序将自动在 X 轴方向上扩展,选中所有的针数。按 F9 键将自动在 Y 轴上扩展,选中所有的横列数。

(三)View menu(视图)

1. Tool bar(工具条)

工具条中许多图标所具有的功能,在前面已有介绍,这里介绍其他功能。

Total view of the pattern(花型预览)

单击此键打开一个正在运行的花型的全图。窗口中的虚线方框显示的是窗口中正在编辑的花型部分,可通过移动预览窗口中的虚线方框来移动当前窗口内显示的花型。

Reload(重新下载花型)

使用这个工具可以撤消在花型上的修改,使花型恢复到初次打开时的状态。

Zoom of the pattern(花型缩放)

这两个键用来放大或缩小花型。也可以使用小键盘上的"+"、"-"、"*"和"/"来进行花型的放大或缩小。

"*"将花型放大十倍。

"/"使花型恢复到最小。

"+"逐渐放大花型。

"-"逐渐缩小花型。

Show/Hide relative origin(显示/隐藏相对坐标轴)　　按此按钮可以显示或者隐藏所定义的相对坐标点。

View the grid(显示网格)　　按此按钮可以显示或隐藏网格线。

Grid color(网格线颜色)　　单击颜色框旁边的下拉箭头,可以选择网格线的颜色。

Information of the Photon program(Photon 程序的信息)

单击此按钮出现 Photon 程序的版本信息。

Help(帮助)

单击此按钮,然后选择某个工具或菜单,将出现所选工具或菜单的帮助信息。

2. Status bar(状态栏),如下图 6-2-4 所示。

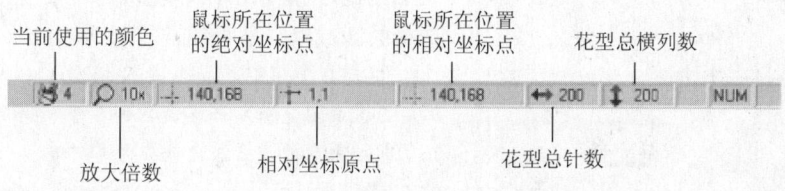

图 6-2-4 状态栏

状态栏描述了操作者目前的操作信息,如所使用的工具或菜单。状态栏也包含了目前花型的信息,如总针数和总横列数等等。

3. Pattern tool bar(花型工具条)

(1) Selection of the pattern area(花型区域选择框)

在目前的花型上选择区域。这个区域可以进行修改、复制和移动。

修改区域:要修改选择的区域,可以通过拖拽选择框边框上的控制点来完成。如果没有控制点显示,则按按钮 显示区域控制点,然后进行区域的修改。

移动所选区域:按住 Ctrl 键同时单击所选区域并按住左键拖动到要求的区域。确认移动按 Return 键,可以根据需要进行多次移动。移动后的区域颜色为选择的第二个颜色,通过在颜色条上用右键点击颜色小方框选择的颜色。

复制所选区域:选择要复制的区域,在区域内按住左键并拖动区域到所需要的位置,确认复制按 Return 键,可以进行多次复制。

这个命令只能选择矩形区域,所选区域在花型中保持可用。要取消所选择的区域,按 Esc 键。

改变图像方向工具条

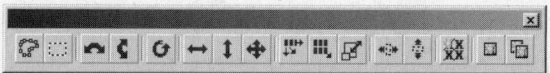

选择了这个工具后,下面的工具条激活,可与矩形选择工具配合操作。

显示/隐藏控制点 这个按钮可以用来显示或隐藏选择的区域控制点。

显示/隐藏区域边缘 这个按钮可以用来显示或隐藏选择的区域的边缘。

:在花型中选择了一个区域之后,程序自动显示对称工具条。这个工具条中的工具用来将包含在选择区域中的花型图像在"X"轴或"Y"轴上翻转(按钮 、),以及在水平方向或垂直方向上或水平垂直两个方向上旋转所选择的区域内的花型(按钮)。也可以通过"旋转区域" 来旋转所选择的区域。在按了下列按钮后,必须将鼠标

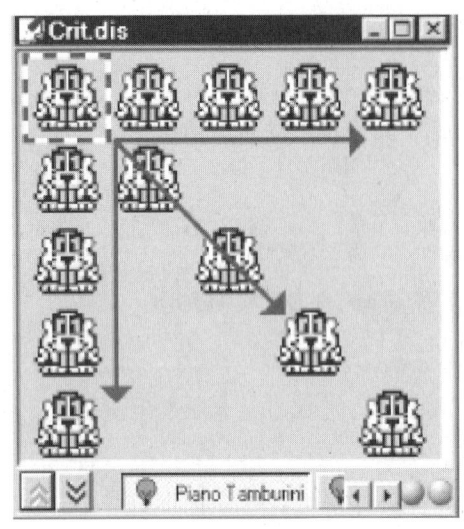

图 6-2-5

指针放在区域内,并将其旋转到想要的方向。区域中心的控制点可以移动任何区域内的花型的一部分。

　　在一个横列上复制所选择的区域　操作如下:选择一个区域,按住区域四周上的方框,在一条直线上拖拽(只能在水平、垂直以及 45 度方向上),则所选择的区域以一条直线被复制,如图 6-2-5 所示。

　　注:可以使用 F8 或 F9 在 X 轴或 Y 轴上扩展区域,使扩展的区域内充满所选区域内的花型。确定复制时,可以在鼠标结束点的位置快速地按两下左键。

　　在一个矩形区域内复制所选择的区域　操作如 缩小/放大区域内花型:这个功能可以用来修改选择区域内的花型的尺寸大小,操作可以来修改(放大或缩小)已经设计好的花型的某个部分,使用此工具前须选择一个区域,因为这个按钮只有在选择了区域选择工具后才被激活,按了这个命令按钮 后,操作者就可以通过改变选择的区域的尺寸来修改花型的大小。当修改完尺寸可以移动的时候,将修改后的花型放在想要的位置。确认这个操作的时候按键盘上 Enter 键。

　　按钮 可以增加选择区域,选择全部针数或横列数(与 F8、F9 的功能相同)。这个命令对于选择修改花型的所有区域来说是十分有用的。 选中所有的针数, 选中所有的横列数。

　　 将所选区域内的花型暂时保存　在使用"填充"工具或"用组织替换颜色"工具时,将保存的花型作为组织填充或替换某个颜色。

区域命令栏

　　一旦有一个区域被选择,程序中出现一个对目标文件的区域操作栏,这个工具栏对那些可以在花型区域内执行功能的工具来说,始终显示。

　　根据要执行的功能,操作者有三个按钮可以使用。在所有花型上 ,在矩形选择区域内 ,在不规则区域内 。反选按钮 ,通过选择花型未被选择的部分来改变区域选择。从而可以在选定的区域的外部进行修改。

　　(2) **Selection of the free pattern area**(选择自由区域)

　　在当前花型上按住鼠标左键移动,可自由选择区域,花型区域可以被修改、复制和移动。自由区域中没有控制点,因此不能执行"在一条直线上复制"、"在区域内复制"、"放大缩小区域内花型"、"选择所有针数或横列数"等需要控制点的命令。其他操作与选择矩形区域相似。

　　(3) **Pen tool**(画笔工具)

　　单击鼠标左键或右键画点,如果按住鼠标左键或右键拖动,则可以画任意形状的线。

　　在使用画笔之前可以修改 Thickness(粗细) 来设置画笔的粗细和笔尖类型(方头 ■ 或圆头 ●)。

（4）Line tool（直线）

按住鼠标左键拖动画直线，在直线的两端有两个控制点，拖动控制点可以修改直线的位置和长短，通过 Return 或双击确认直线操作，按 Esc 取消。同画笔相同，画直线之前也可以设置 Thickness，从而改变所画直线的粗细以及直线两端的类型（方头或圆头）。在画直线之前可以在颜色框中选择所画直线的颜色。

（5）Rectangle tool（方框工具）

选择此工具后，按住鼠标左键拖动，画方框。放开鼠标左键后，可以通过方框上四个角的控制点来修改方框的大小和形状；按住方框中心的控制点并拖动时，可以改变方框的位置。画好方框后按 Return 或双击确认，按 Esc 键取消操作。

画方框的同时按住 Shift 键可以画正方形。画方框之前同样可以设置 Thickness 和 Color。如果选择了画方框的工具，则可以用下面工具条中的工具。

Perimeter（边框）　用所选的第一个颜色（通过左键点击颜色小方框选择的颜色）画空心的方框。

Fill（填充）　方框用所选的第一个颜色填充，边框也为所选的第一个颜色。

Fill with the maintenance of the perimeter（边框内填充）　方框的颜色为所选的第一个颜色，而方框内部用所选的第二个颜色填充（通过左键点击颜色小方框选择的颜色）。

Fill with current user pattern（以用户的当前花型填充）　即所画的方框以 中保存的花型填充。其操作如下：用矩形区域选择工具 ，选择一个花型，按保存选择区域内的花型，再选择方框工具 ，选择填充工具条中的 按钮，在图中使用鼠标画方框，则方框内以之前矩形区域内选择的花型填充。

Fill with a pattern（用当前花型填充）　所画的方框用所选择的花型来填充。

花型可以通过 Tools-pattern editor 或选择 键来创建。

［例］　创建一个 4×4 的一隔一小花型，按 按钮，出现如图 6-2-6 所示的窗口。

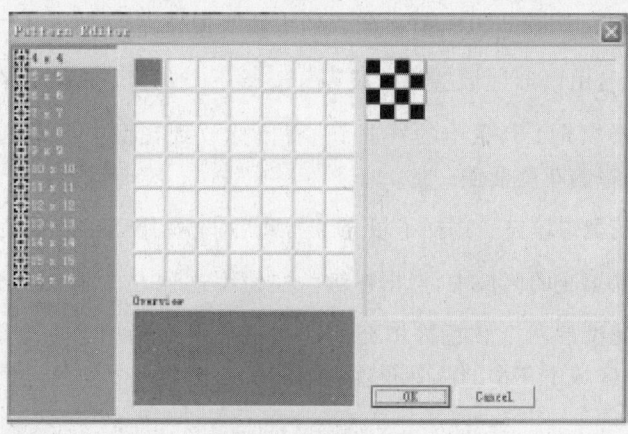

图 6-2-6　4×4 花型

花型最大到 16×16，选择一个空白的方框可以在右面的方格内创建花型。选择画方框时要使用的花型，按 OK，则选择的花型出现在 ▦▾ 中；也可以直接通过 ▦▾ 中的下拉箭头选择已经存在的花型。

(6) ○ **Circle tool**（画圆）
画圆的操作与画方框类似。画圆的同时按住 Shift 键可以画正圆。

(7) ◇ **Diamond tool**（画菱形）
操作与画矩形相似。画菱形的同时按住 Shift 键可以画正菱形。

(8) ∿ **Curve tool**（画曲线）
通过点来画连续的曲线，鼠标每点击一次画一个控制点。通过移动曲线上的控制点可以修改曲线的形状。按 Return 键或在曲线的控制点上双击确认所画曲线，按 Esc 取消。选中曲线上的一个控制点后，按 Delete 键可以删除该控制点，按 Insert 键，可以在选中的控制点后面插入一个控制点。

画曲线之前也可以设置 Thickness 和 Color。

(9) ✎ **Select color**（选择颜色）
从当前花型中而不是颜色条中直接选择颜色。将鼠标放在花型中想要选择的颜色上按左键或右键。事实上，可以选择两个交替的颜色，一个与左键操作相配合，一个与右键配合使用。

(10) ▰ **Filling tool**（填充工具）
用当前颜色或花型填充某个封闭区域、整个区域或花型区域，选择了填充工具后，操作者可以选择下列工具：

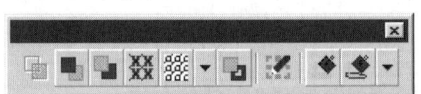

▪▪ **平铺填充**　用普通的颜色填充花型中的一个区域时，可以使用这两个按钮中的一个，来选择用当前选定的两个颜色中哪一个来填充。▪ 用选择的第一个颜色填充，▪ 用选择的第二个颜色填充。

▦ **Fill with current user pattern**（以用户的当前花型填充）　即填充时以 ▦ 中保存的花型填充。其操作如下：用矩形区域选择工具 ▯，选择一个花型，按 ▦ 保存选择区域内的花型，填充工具 ▰，选择填充工具条中的 ▦ 按钮，将鼠标放到花型中想要填充的区域中，点击左键，则区域被所保存的花型覆盖。

▦▾ **用创建的花型来填充**　选择了填充工具 ▰ 后，选择用创建的花型填充 ▦▾，然后将鼠标放到花型中想要填充的区域中，点击左键。在使用这种方式填充时，若点击 ▯ 键，则此时被填充的区域中花型的两个颜色为填充前的颜色和所选择的第一个颜色；若不点击 ▯ 键，则此时被填充的区域中花型的两个颜色为当前所选择的两个颜色，填充前的颜色完全被覆盖。

第六章 无缝针织圆机 CAD 设计

创建新的花型(使用方法见前面) 可以选择要创建的花型的大小(4×4、5×5……)等等。

用所选择的颜色填充封闭区域。

可以将整个花型用当前的颜色填充,除了选择保留的颜色。

操作方法:

这个命令的执行要按一定的顺序。首先,点击按钮 上的下拉箭头,从出现的颜色列表中选择换色时要保留的颜色。再从颜色条中选择用什么颜色填充,可以分别用左键和右键选择两个不同颜色与左右键单击时配合。在下面例子的图形中显示上面描述的颜色在颜色条中的组成方式。

[例]

颜色1:填充后花型中仍然保留的颜色。

颜色2:点左键时用来填充花型的颜色(第一个选择的颜色)。

颜色3:点右键时用来填充花型的颜色(第二个选择的颜色)。

现在根据需要填充,将鼠标指针放在花型上,然后单击。单击下拉箭头,选择一个颜色,则这个颜色就是在填充之后花型中保留的颜色。另外,可以选择两个颜色来配合 两种不同填充方法。

在选择的区域内填充:与区域命令栏内的工具相配合 。

[例] 在一个选定的区域内填充,而其他位置不填充。

用矩形区域选择工具 选择要填充的区域;

选择填充工具 ;

在 上选择要填充的方式;

在 上选择 ,在选择的区域内点左键填充。

若想在选择的区域内不进行填充,而在选择的区域之外的区域填充,则在选择了 后,再按一下 键,从而可以在选定的矩形区域外进行操作。

(11) **Relative origin tool of axis x-y**(x-y 轴的相对原点)

这个工具可以用来选择一个相对原点。执行这个命令时,选择按钮 ,然后将鼠标指针精确地放在想要选取的相对原点的位置,单击左键确定。通过 可以显示或者隐藏定义的相对坐标原点以及坐标轴。

(12) **Text insert tool**(在花型中插入文字)

单击 按钮,然后在花型中想要添加文字的地方单击,输入文字,按 Enter 键确认操作。选择了这个工具后,与文字相关的特殊工具栏自动变为可用状态。

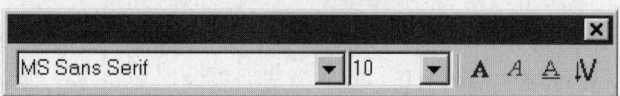

文字工具栏可以对输入的字符进行修改,以像素表示文字的大小、字体、字符形式等。

A:加粗字符

A:斜体字符

A:给字符加下划线

将文字垂直排列。

修改字符时,点相应功能旁边的下拉箭头或者直接选择想要的字符形式的按钮。

(13) Replacement tool of the color with a pattern(用花型来替换颜色)

使用这个工具可以将花型中的某个颜色用所选择的花型来代替。

此功能与填充工具中的"用花型填充"相类似,不同的是,填充工具中,用花型填充时,将填满整个所选区域,而此功能只填充花型中某个颜色。

与此工具配合的工具有 ,配合的用法也与用花型填充的操作相同。且此工具也可以与 工具栏中的工具配合。

(14) Plash tool(闪光工具)

选择这个工具以后,当前所选择的颜色(左键所选的颜色),如果在花型中用到了,这个颜色就开始闪,这个工具用来寻找所要求的相似颜色。

也可以在选定的区域中使用这个功能。

(15) Color change tool(换色工具)

单击,此时颜色板上只有花型中所使用的颜色,在要被替换的颜色上单击右键,则出现一个颜色板上所有的颜色,然后用左键选择要用的颜色,如果有多个颜色想要替换,则依次使用此操作,最后单击 ,完成操作,确认操作按 Return 键,取消操作按 Esc。

替换颜色功能也可在选择区域的工具 选择的区域内或只在选择的区域外换色。

(16) Insertion/Cancellation of needles and courses(增加/减少针数或横列数)

通过增加或减少部分针数或横列数来改变花型的尺寸大小。增加和减少的操作相同,因为它们使用相同的区域选择方法。

选择该工具后,执行区域选择操作时,在花型中想要修改的地方单击鼠标左键并拖拽,这时花型中会有一个透明的区域作为修改的标志显示,拖拽透明区域的两个控制点可以修改透明区域的位置和尺寸大小。确定的区域通常是包含在整个花型中的一个竖直或水平条。

水平移动透明区域的控制点可以修改花型的针数;垂直移动透明区域的控制点可以修改花型的横列数。

要决定透明区域的精确位置和精确尺寸时,需要查看状态栏中与针数尺寸一致的箭头 ,以及与横列数一致的箭头 。

确定了区域大小之后,按 Delete 删除所选的区域,按 Insert 插入所选的区域。花型中插入的区域的颜色为当前使用的颜色,因此在插入区域之前要先选择颜色。

如果要从开始点往相反的方向插入区域,使用组合键"Shift+Ins",如果要增加个精确的选择区域的副本,用组合键"Ctrl+Ins"。取消透明控制区域按 Esc 键。

表 6-1　命令小结

键	功能
Ins	增加选择的区域
Delete	删除选择的区域
Shift+Ins	从开始点往相反的方向增加选择的区域
Ctrl+Ins	增加选择区域的副本
Esc	取消透明的选择区域

(17) Tool to outline the pattern（给花型加边框）

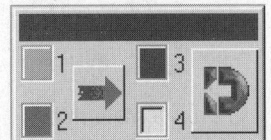

图 6-2-7　颜色覆盖

选择 功能，然后选择要加的边框的颜色，单击花型中要加边框的花型或颜色，则自动将选择的花型或颜色上加一个边框，加边框前可以选择 Thickness 来设置边框的粗细。

这个操作也可以在选择的区域内或与选择区域相反的区域内进行。

(18) Color covering tool（颜色覆盖工具）

将上下相连的两个颜色用另外的两个颜色覆盖。如图 6-2-7 所示，1、2 两个颜色为花型中所用的颜色以及两个颜色之间的位置关系，3、4 两个颜色为替换色，选定后按 ，则花型中 1、2 两个颜色被 3、4 所覆盖，3 与 4 的位置关系跟原来 1 与 2 的相同。见图 6-2-8。

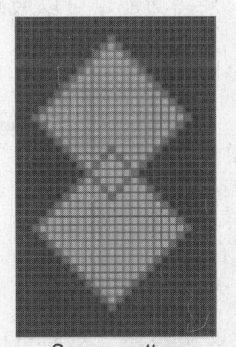

Source pattern　　Destination pattern

图 6-2-8　覆盖效果

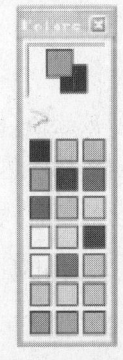

图 6-2-9　颜色板

这个操作同样可以在选定的区域中使用。

4. Color bar（颜色板）

颜色板（见图 6-2-9）中为机器的选针器可以选择的颜色，只有四个颜色（黑、绿、红、黄）是机器可以识别的颜色，其余为画图时的辅助颜色。 为当前选择的颜色（绿色是选择的第一个颜色，即左键选择的颜色，黑色是选择的第二个颜色，即右键选择的颜色）。在这个颜色框中，可以将某个颜色或所有颜色保护，或使这个颜色在花型中呈现透明，按住 Ctrl 键然后点击颜色，则颜色被保护，此时颜色呈现为 状态；按住 Shift 键然后点击颜色，则颜色在花型中使用时呈现透明，此时颜色状态为 。用相同的操作可以取消颜色保护或透明。对同一种颜色可以既保护，又使它透明。

左键点击颜色板中的 >，可以将所有的花型保护或使之透明。
左键点击：

Protect all the color：保护所有颜色
Unprotect all the color：所有颜色解保护
Makes transparent all the colors：使所有颜色透明
Remove transparency to all the colors：取消颜色透明
Switch drawing color：转换选择的画图颜色

图6-2-10所示颜色板为纱嘴所用的颜色，即这些颜色是用来控制纱嘴动作的，在选针层面上看不到这些颜色，可以在Configuration里定义颜色所控制的纱嘴的动作。

图6-2-10 纱嘴用色

5. 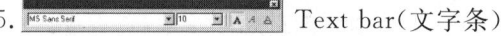 Text bar（文字条）

与前面花型工具条中的 功能配合使用，改变所写文字的字体以及大小。

6. Trace thickness bar（粗细工具）

可以选择笔的粗细、笔尖的形式，还可以与很多功能配合使用，如画笔、直线、方框等等。

7. Filling bar（填充工具）

这个工具条在前面也有介绍，要与 功能配合使用，某些功能也可以与画方框、圆、菱形等工具配合使用。

8. Command destination 区域命令栏

一旦有一个区域被选择，程序中会出现一个对目标文件的区域操作栏 ，这个工具栏对那些可以在花型区域内执行功能的工具来说始终显示。

根据要执行的功能，操作者有三个按钮可以使用：在所有花型上用 ，在矩形选择区域内用 ，在不规则区域内用 。

反选按钮 ，通过选择花型未被选择的部分来改变区域选择。从而可以在选定的区域的外部进行修改。

9. Modification of the orientation of an image bar（改变图像方向工具条）

在花型中选择了区域后，这个工具条可用。使用方法见139页改变方向工具条。

（四）Tool menu（工具菜单）

 Grid color（网格颜色） 通过点击下拉箭头选择网格的颜色。

 Filling type（填充类型） 可根据需要选择不同的方式来填充区域。

 Pattern（花型填充） 用创建的花型来填充区域。

 Mirror image（图像镜像）

Pattern editor（花型编辑） 创建需要的花型。

 Resize（改变尺寸）

点击此命令，会出现一个对话框（如图 6-2-11 所示）。在对话框中针数和横列数的地方修改，填写想要的尺寸大小。

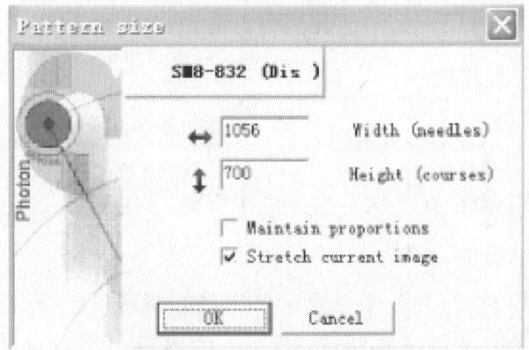

图 6-2-11 改变尺寸对话框

对话框中还有两个命令可以选择：

Maintain proportions（保持比例） 如果此项前被打勾，则表示花型针数和横列数的比例不变，例如，原来的花型针数为 1056，横列数为 700，若将针数修改为 1152，则横列数将自动变化到 764。

Stretch current image（拉长当前花型） 下面的例子可以说明选择或不选择此项的差别。

若此项前的方框打勾，则花型会根据针数以及横列数自动拉长（小花型为原来的花型，大花型为修改后拉长的花型）。如图 6-2-12 所示。

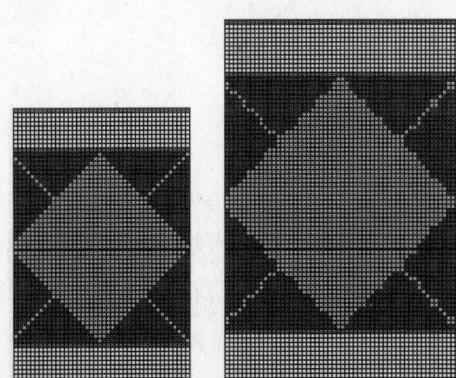 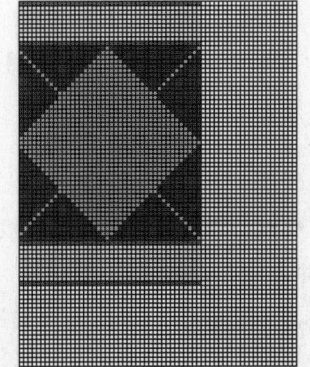

图 6-2-12 花型自动拉长   图 6-2-13 增加针数和横列数的花型

若此项前面的方框不打勾，则改变大小后的花型只增加了针数和横列数，如图 6-2-13 所示。

Options（选项）

在选项中，可以修改系列参数：

Restore the positions of the tool bars 恢复工具条位置

Cancels the setups of the used machines 取消使用过的机器的设置

Setups 设置

In the beginning it loads the last used machine 开始时,下载上次使用过的机器。

Loads the documents that were open when the program was closed 当程序关闭时,下载打开的文件。

Uses different cursors according to the pattern tool used 根据绘图工具的使用选用不同鼠标的指针。

Personalize print 个人打印

Character 特性

Logo 标识语

这个菜单中的大部分命令在介绍花型绘图工具时都有介绍,这里不再重复。

(五) Window menu(窗口菜单)

New window(新窗口) 打开一个与原窗口相关的新窗口。新打开的窗口与原窗口实际为同一个花型,无论在哪个窗口中做修改,另外一个窗口也将自动执行在另一个窗口内的操作。

Superimpose(重叠排列) 将打开的花型文件重叠排列

Title(上下排列) 将打开的两个花型文件上下排列

Arrange icon(安排图标) 双击可以隐藏花型题头

在窗口菜单下面还有目前打开的花型文件,可以在这里选择哪个花型显示在窗口上。

(六) 帮助

Contents(内容) 显示所有花型设计的帮助信息

Find 寻找想要帮助的信息

Index 目录

About Photon 关于 Photon,显示 Photon 的版本信息。

二、程序编制

QUASARS 可以设计上机编织程序,以控制机器转速、升降哈夫盘、哈夫针进出、牵拉吸风大小、喂纱嘴换纱动作、沉降片进出、自动加油等动作。

打开界面 如图 6-2-14 所示。在 C 盘下会出现已安装的机器的类型,单击机器类型名称,前面有"+"显示,同时在页面的最下面显示一排图标。图标表示要打开的文件类型:

Chain 程序文件夹 CHAIN 的后缀是". sok",保存在 C:/Grapb6/top2/chain 的文件夹中。

User prestyle 子程序文件夹 BLKUSR。

Dis 花型文件夹 DIS,DIS 花型是可以在 PHOTON 软件中设计的一种花型格式,后缀为". dis",只有这种类型的文件是能被机器识别的。

Disover 立体花型文件夹 DISOVER。

Cofdis 花型的 Configuration,即花型颜色的配置文件。

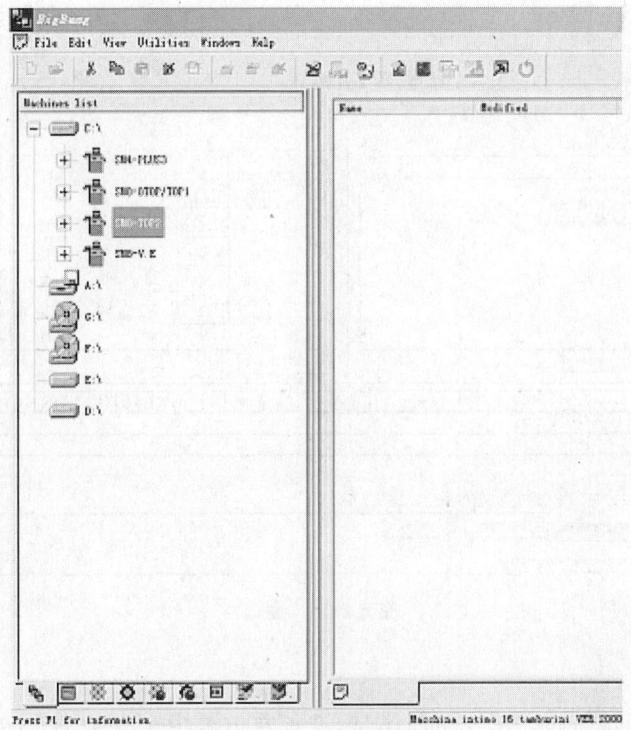

图 6-2-14　程序界面

　　 Cofdisover　立体花型的 Configuration,立体花型的配置文件。

　　 Codified　编码到硬盘上程序文件夹 COD,编码后的程序后缀为". co",". co"是给机器识别的文件格式,这种文件格式不能再恢复到". sok"的文件。

　　 SDI 花型的文件夹　在 PHOTON 中设计的一种花型格式,是一种辅助的花型格式,在设计过程中使用,最后与 PAT 花型结合,生成一个新的可以上机的 DIS 图。

　　 PAT 花型的文件夹　PAT 也是一种 DIS 花型的辅助设计格式。在这个界面中,选择 DIS、SDI 或 PAT 图的文件夹,然后在右面的窗口中双击文件名,打开 PHOTON 花型设计界面(前面已讲述)。

　　选择图标 ,在 CHAIN 文件夹中选择子文件夹,在右面的窗口中双击程序名称将打开如图 6-2-15 所示的窗口:

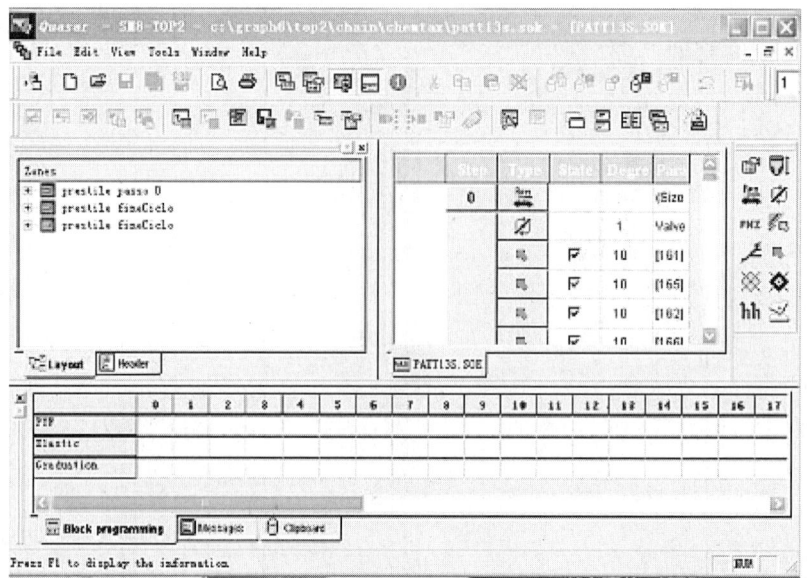

图 6-2-15 窗口

（一）文件（File）

 Machine selection　选择机器类型，选择在电脑中已安装的 LUONATI 集团的机器，如 SM8－TOP1，SM8－TOP2 等等。

 New　新建一个程序

 Open　打开一个已存在的程序

 Save　保存对程序的修改。通常这个按钮是灰色的，在对程序进行修改之后，才变为可用的。

Export 输出

 Print 打印

Print setup 打印设置

Setup printer 设置打印机

 Shot description of the document 程序描述　可以简单地描述该程序的用途、特点等等。

 Memo document 程序信息　可填写程序生产的产品、穿纱情况、原料、为哪家客户生产等等。

Lately opened document　最近打开过的程序文件

（二）编辑（Edit）

 Undo　撤消操作

Find/Replace date　查找/替换数据指令

Date　数据指令，可执行复制、粘贴、剪切、删除等操作。

Steps　步骤，可执行插入、复制、粘贴、删除步骤等操作。也可使用工具栏中的图标进行操作。一个程序通常包含若干个 STEP，如果 STEP 中没有循环指令，则一个 STEP 表示机器转一圈，若 STEP 中有循环指令，则机器的转数与按照设定的循环数。

▣ 在选定的 step 前面插入一个 step

▣ 在选定的 step 后面插入一个 step

▣ 删除一个 step

▣ 复制一个 step

▣ 粘贴一个 step

▣ Zones　子程序区域，在菜单中，用该按钮来显示或隐藏 zones 窗口，如图 6-2-16 所示。

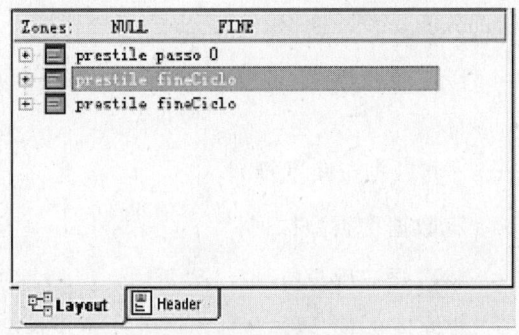

图 6-2-16　zones 菜单

▣ Copy to clipboard zones 菜单复制到剪贴板，将选择的一条或多条程序指令复制到剪贴板上。

▣ Paste from clipboard 从剪贴板上粘贴按此按钮后出现一个窗口，包含已复制到剪贴板上的数据指令，如图 6-2-17 所示。在每条指令前的方框内打勾或不打勾来决定要插入的数据。

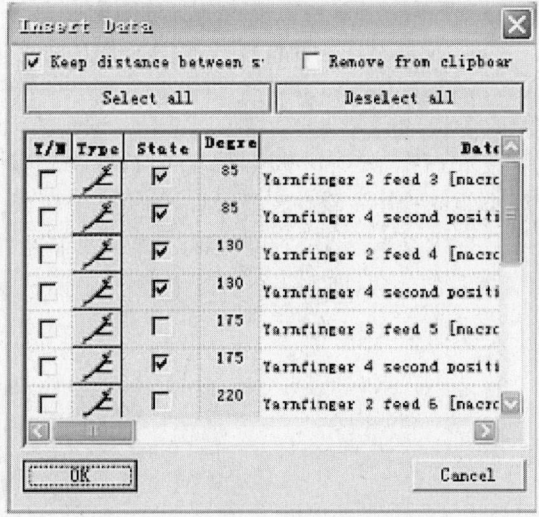

图 6-2-17　数据插入

Clear clipboard　清除剪贴板，清除所有复制到剪贴板上的内容。

Load to clipboard　从硬盘中提出保存过的剪贴板。

Save from clipboard 保存剪贴板，指令保存在 TOP2 文件夹下的 CLIPBOARD 的文件夹中。

（三）视图（View）

视图中的命令用来显示或隐藏各工具条，以及是否显示子程序区域（Document zones）、信息（Info）和 Block programming 窗口。

（四）工具（Tools）

Filters and sorts　筛选分类。

Show/hide data　显示/隐藏数据，可以在新窗口中选择要在程序窗口中显示的命令指令。

Sort data by degree　将数据按角度择列。

Sort data by type　将数据按类型抹列。

Sort data by user　将数据按用户排列（一般不用）。

State of the data　数据的状态，查看数据进出工作的状态。

Encode on hard disk　将程序编码后存到硬盘。

Encode on floppy disk　将程序编码后存到软盘。

Encode and transmit　将程序编码并直接传输到机器上。

Single garment mode　单件编织模式。

Continue garment mode　连续编织模式。

Yarnfingers sequence　纱嘴顺序。

Macro　一种选择纱嘴位置的方式。

（五）窗口（Windows）

New window，打开当前窗口一个新的窗口，可以选择打开 Editor 程序主设计窗口、Matrix 矩阵窗口或 Pattern 花型窗口，如图 6-2-18、6-2-19、6-2-20 所示打开的一个新窗口，与原来的文档在修改时保持一致，即在一个窗口中进行的修改，另外一个窗口内也将自动做相同的修改。

图 6-2-18　新窗口

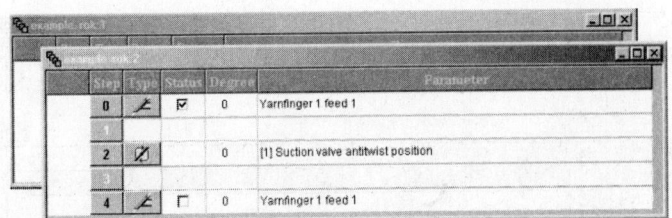

图 6-2-19　矩阵窗口

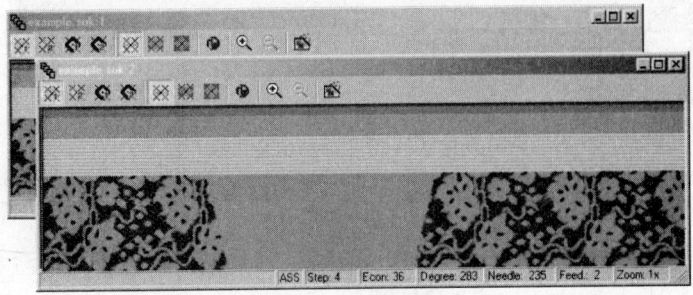

图 6-2-20　花型窗口

📇 Cascade 将打开的窗口层叠，如图 6-2-21 所示。

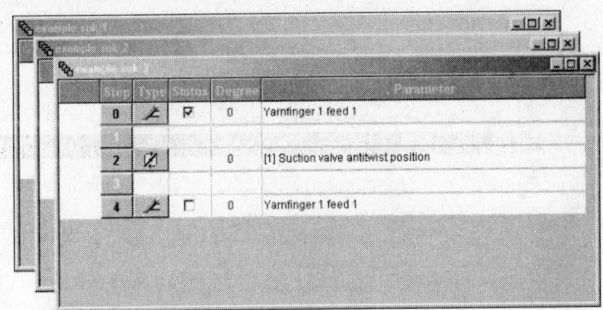

图 6-2-21　窗口层叠

▤ Title horizontally 将打开的窗口纵向排列，如图 6-2-22 所示。

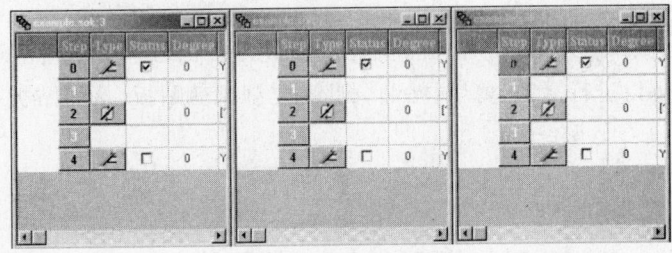

图 6-2-22　窗口纵排

▥ Title vertically 将打开的窗口横向排列，如图 6-2-23 所示。
Current window 显示目前正在编辑的程序窗口。

图 6-2-23 窗口横排

（六）Help

显示帮助文件以及该软件的版本信息。

（七）主程序设计以及修改

1. 主程序设计窗口，如图 6-2-24 所示。

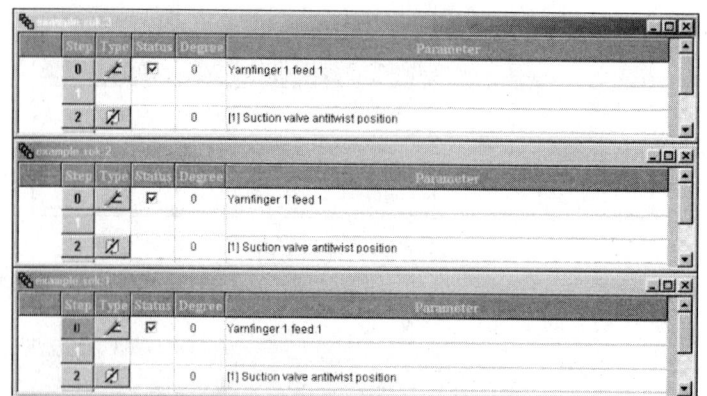

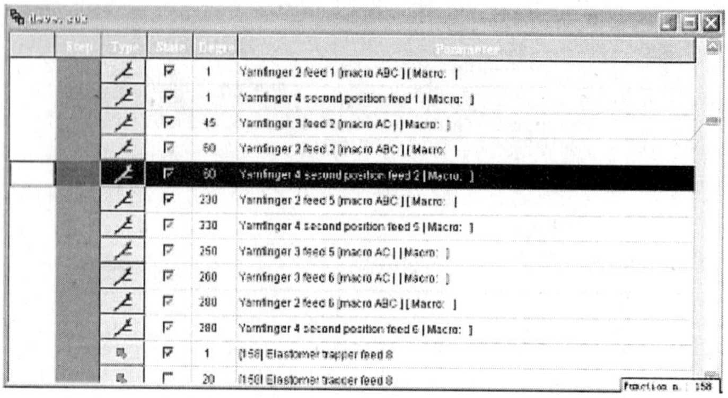

图 6-2-24 主程序设计窗口

（1）空白区域

在主程序设计窗口的左边的空白处，鼠标会变成"→"形式，在空白区可以进行数据指令的选择，点右键可以进行复制、剪切、粘贴、删除、复制到剪贴板、从剪贴板粘贴及消除剪贴板等指令。

（2）Step 栏

在 Step 区域中，可以执行与 Step 有关的操作，如插入、删除、复制、粘贴等等操作。如想在某个 Step 中添加一条指令，则先选择该指令的机器指令类型，然后在这个 Step 上双击，则出现一个添加窗口；如要在 Step 中增加一个纱嘴动作，在窗口右边选择代表纱嘴指令的图标  。然后在 Step2 处双击，出现一个插入指令窗口，在窗口编辑指令各参数，如图 6-2-25 所示。

（3）Type 栏

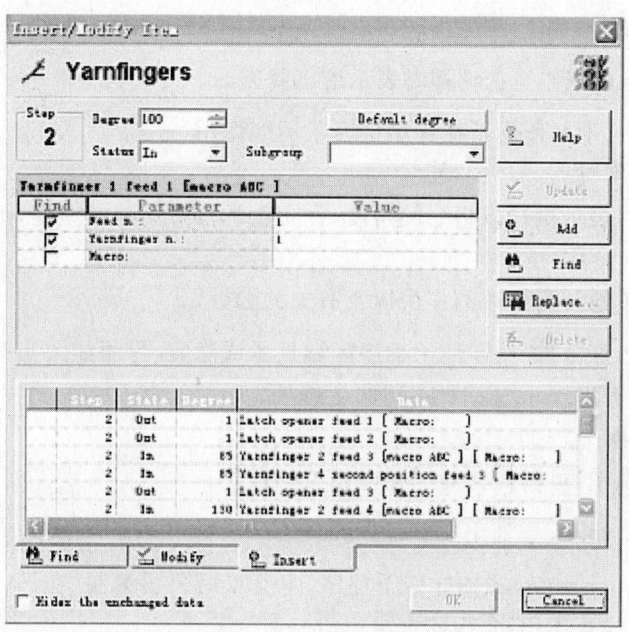

图 6-2-25　指令编辑

在 Type 区域中,显示的是该程序指令所属的机器指令类型。双击图标,可以进行程序指令的修改,修改窗口如图 6-2-26 所示(纱嘴的修改窗口)。

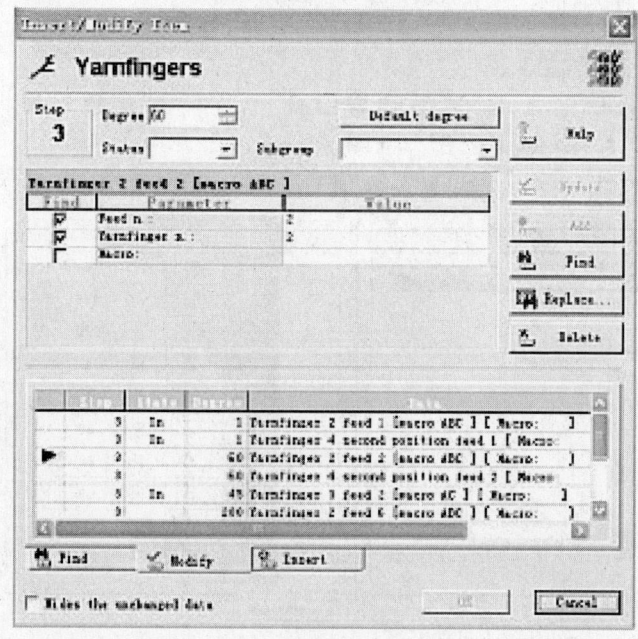

图 6-2-26　程序指令修改窗口

(4)Status 栏

在 Status(状态)区域中,显示指令进入工作、退出工作或不起作用等状态。

☑ = Enter.(进入工作)：在编程时表示进入状态。

☐ = Exit.（退出工作）：在编程时表示退出状态。

☒ = Excluded.（不起作用）：在程序中表示不起作用。

（5）Degree(角度)栏

在角度区域中，表示执行该指令的角度，在角度的方框内单击左键，可以修改角度值。

（6）Parameter(参数)栏

参数区域，简单地写明指令的作用以及有关的参数。

2.子程序区域：点击 按钮使子程序区域显示或隐藏，界面如图 6-2-27 所示。

子程序区域中有 Layout 和 Header 两个选项。

（1）Layout 选项

在 Layout 选项中，可以执行与子程序相关的操作。

Insert user zones 添加用户子程序。

Insert factory zones 添加样板子程序，由圣东尼公司编制，在 SM8－TOP2 机型上，圣东尼公司未编写样板子程序，因此这个按钮一般为灰色。

Delete/Join zones 删除/加入子程序。

Save zones 保存子程序，可以将区域起名后保存到硬盘，默认的文件夹路径为 Graph6——机器名称文件夹——Prestyles——Blkusr 中。

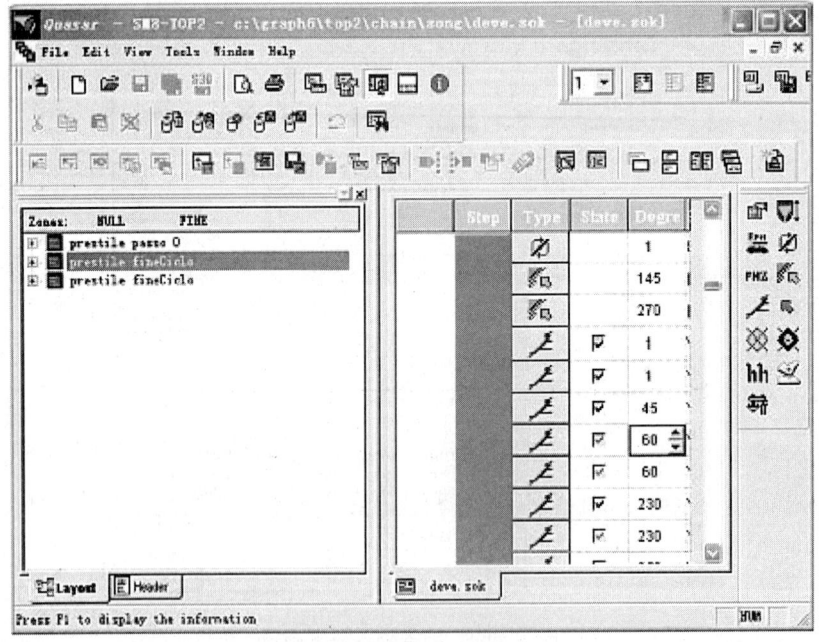

图 6-2-27　子程序区域

Zone associations 联合子程序

Shot description of the zone 子程序名称。

📝 Memo zone 子程序备忘录,可编写有关子程序的一些信息。

(2) Header 选项

在 Header 选项中,可以修改机器的某些参数,界面如图 6-2-28 所示。

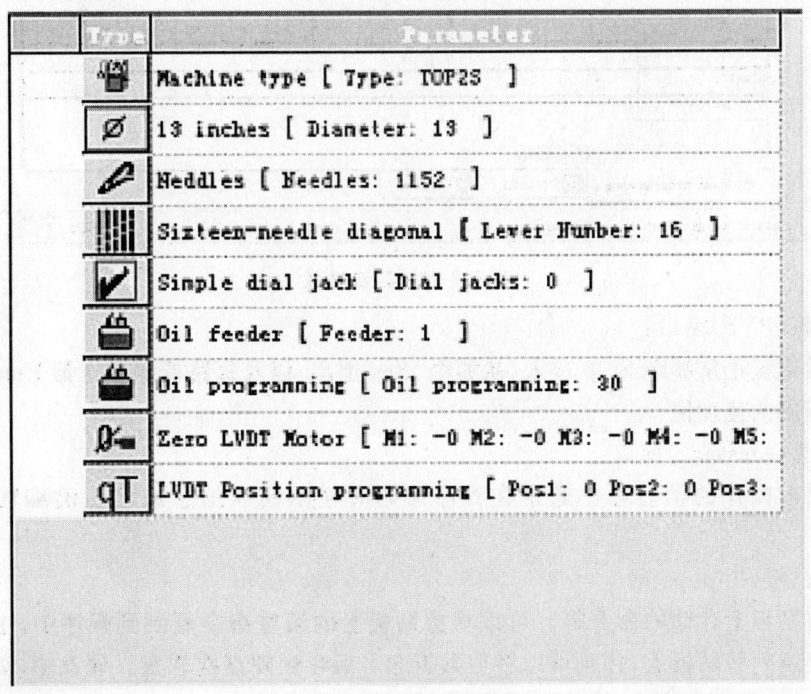

图 6-2-28 Header 选项

▦ Machine type [Type: TOP2S] 填写机器类型(TOP2 或 TOP2S)。

Ø 13 inches [Diameter: 13] 填写机器筒径(12″~17″)。

✎ Neddles [Needles: 1152] 填写机器针数。

▦ Sixteen-needle diagonal [Lever Number: 16] 填写机器选针器级数(TOP2/TOP2S 均为 16 级选针)

✓ Simple dial jack [Dial jacks: 0] 填写哈夫针类型,有 0、2 可以选择,TOP2/TOP2S 上均选择 0。

🛢 Oil feeder [Feeder: 1] 每做几片加一次油。如左示"Feeder:1"表示每做一片加一次油。

🛢 Oil programming [Oil programming: 30] 表示每次加油,油管打三次时,两次之间相隔的角度值。

0⟶ Zero LVDT Motor [M1: -0 M2: -0 M3: -0 M4: -0 M5: 马达零位设置(建议此处不要修改,若机器做出的布面有横条,在机器上进行马达零位的校准。)

qT LVDT Position programming [Pos1: 0 Pos2: 0 Pos3: 立体花型中用来设置密度的打松/打紧的密度值。

修改 Header 中参数值时,双击指令的图标,在新窗口中进行修改。

3. Block programming/Messages/Clipboard 区域

这个区域在 Zones 和主程序窗口下面，可使用 ▭ 按钮使这个区域显示或隐藏，见图6-2-29。

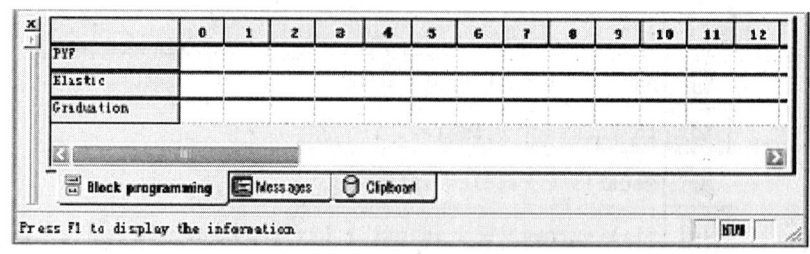

图 6-2-29　区域隐藏

（1）裸氨（PYF）窗口：

可以设定氨纶从哪个 Step 进入，从哪个 Step 退出，以及每路裸氨输送器 Eian-two 马达的进入及退出的速度值。

（2）信息（Message）窗口

显示目前操作的信息等。通常在程序编码时显示错误信息或已正确编码并保存的信息。

（3）剪贴板（Clipboard）

显示剪贴板上存储的命令等。可以将剪贴板上的某些指令复制到程序中，也可将程序中的指令复制到剪贴板上，并且可以将剪贴板起名后存到硬盘或软盘。硬盘中，剪贴板的程序放在 Clipboard 文件夹。若要调出硬盘中的剪贴板也可以从这个文件夹中打开。

剪贴板中只能存放一条一条的指令，而 Zone 中可以存放某些 Step。

按下工具栏中的 ⓘ 按钮，可以在下面显示当前命令的指示图，如图 6-2-30 所示。

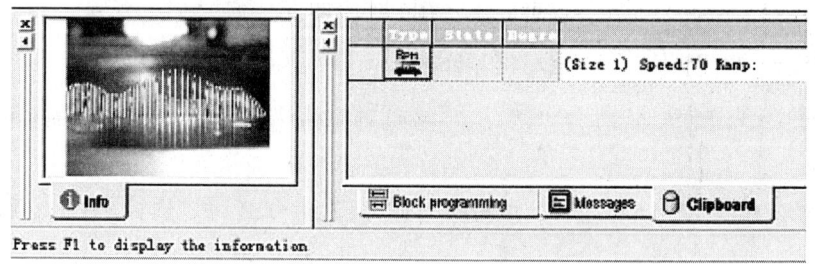

图 6-2-30　命令指示

（八）机器指令

机器指令菜单如下：

1. Memo of the step　　Step 的备忘录，可以填写此 Step 的作用、动作等等。

［例］

2. ▯ Economize 循环,可以填写所做花型的循环数。

双击程序中的该图标,显示如图 6-2-31 所示窗口。

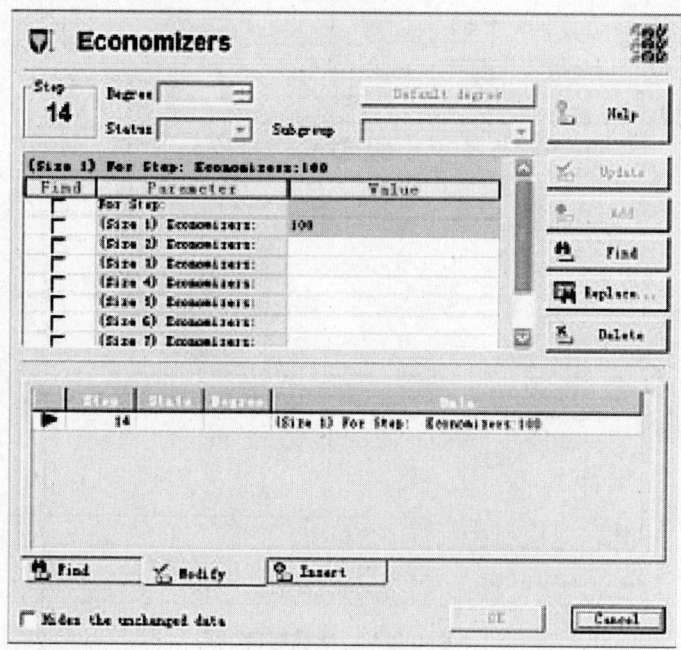

图 6-2-31 循环窗口

在 Value 下面的框单击左键,可以修改循环的数值。

For Step:表示填写循环的 Step 与后面的几个 Step 联合组成小循环。

[例] 在 Step14 中 For Step 4 (Size 1)Economize 10

表示机器执行到程序 Step14,循环 Step14、15、16、17 共 10 次。这个指令可以用在密度逐渐变化的产品,或纱嘴规律动作的横条产品。

注:在填写循环的 Step 中除了速度指令,不再给出其他的指令。

[例] 14 ▯!   (Size 1) For Step: Economizers:100

表示 Step14 将循环 100 次。

3. ▯ Speed 速度,双击程序中的速度图标,进行修改,通常纱嘴或三角有动作的 Step 的速度会慢一些。

注:两个 Step 之间的速度差值不能超过 30。

[例] ▯   (Size 1) Speed:30 Ramp:

4. Air value functions 吸风,双击程序中的吸风图标,显示如图 6-2-32 所示的窗口。

吸风参数如下:

0:最大吸风

1:关闭吸风

R:向右关闭吸风阀。

L:向左关闭吸风阀。

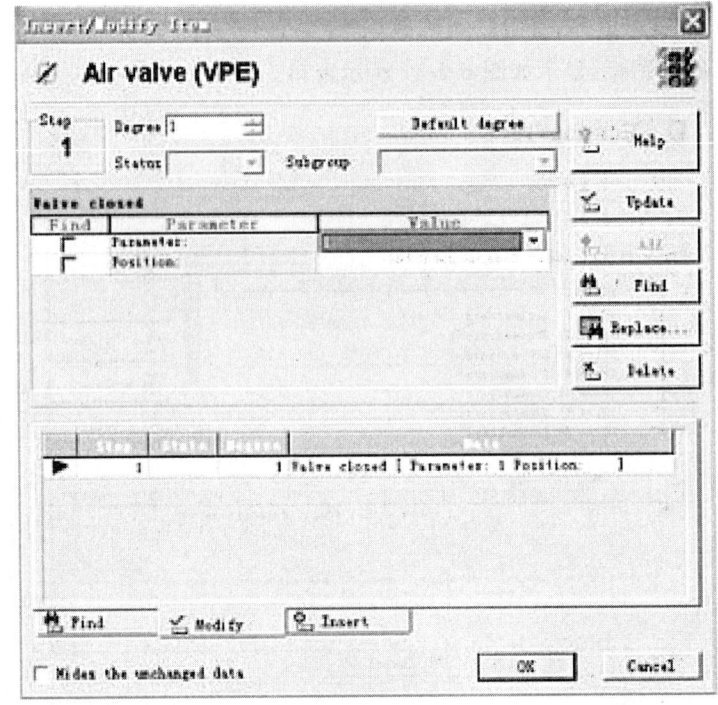

图 6-2-32 吸风窗口

R、L 通常在使用特殊纱线如弹力丝或编织毛圈时使用,数值从 0~166。

注:在每个程序的结束部分,吸风值要设为 0,否则,机器将显示错误信息并停车。

[例] ⌀ 1 Suction in the ejection beel [Parameter: 0 Position:]

表示吸风在 1 度时全部打开。

5. FNZ Function 一般功能,程序中的这些功能都只在一个 Step 中起作用,若想这些功能在多个 Step 中起作用,则需要在这些 Step 中都添加相应的功能,见图 6-2-33。

一般功能中包含的程序指令:

14:程序中填写 14 指令,机器面板上 F4 起作用,则机器在运行到有 14 指令的 Step 处停车,这个指令通常用于打样时调节查看纱嘴位置是否合适,或三角进出有无错误等等。

15:出布门未关时刹车。

18:启动出布电眼。

19:关闭出布电眼。

20:关闭 2—4—6—8 路的探针刹车。

21:关闭第一路的探针刹车。

22:关闭第二路的探针刹车。

23:关闭第三路的探针刹车。

24:关闭第四路的探针刹车。

25,关闭第五路的探针刹车。

26:关闭第六路的探针刹车。

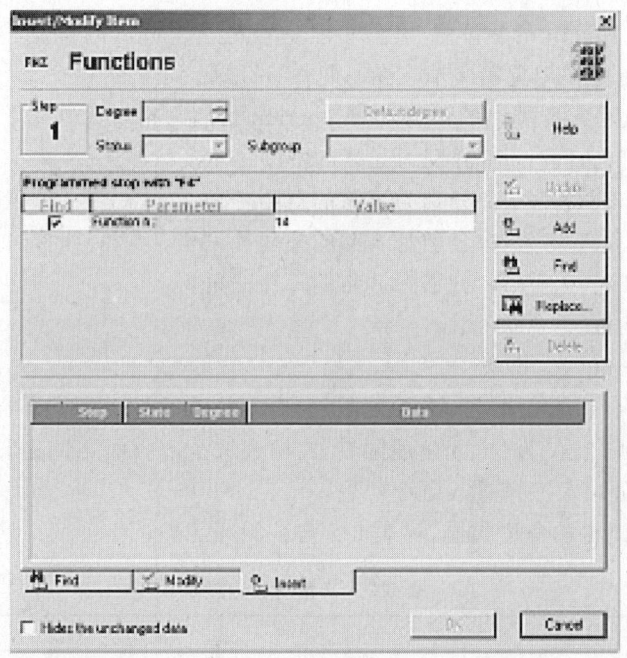

图 6-2-33　功能窗口

27：关闭第七路的探针刹车。
28：关闭第八路的探针刹车。
29：关闭 1—3—5—7 路的探针刹车。

［例］ FNZ　　　Programmed stop with "F4" [Function n.: 14]

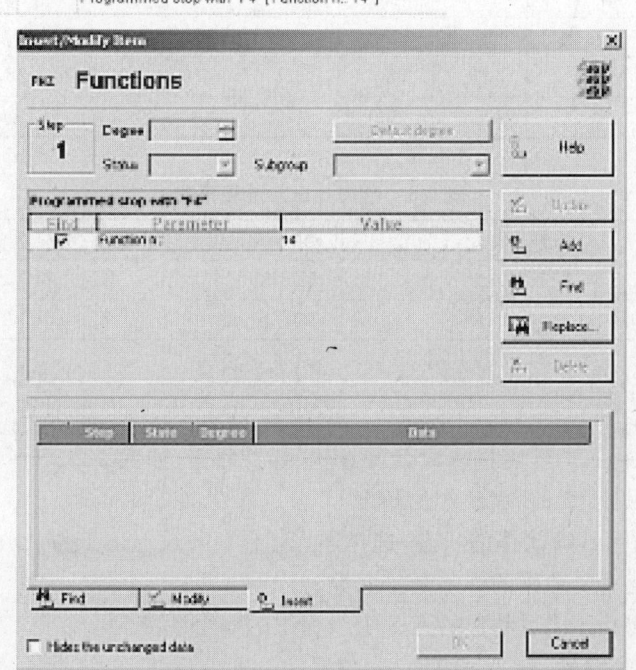

图 6-2-34　位置功能

6. ✏ Position functions 位置功能，一般是填写三角进出的位置（A、B、C，92 号三角有 D 位，三角各位置的作用见第一节三角），见图 6-2-34。

在 Degree 处填写三角进出的角度，在 Function 处填写指令代码如下：

11、21、31、41、51、61、71、81 分别为 8 路的集圈三角。

12、22、32、42、52、62、72、82 分别为 8 路的退圈三角。

17、27、37、47、57、67、77、87 分别为 8 路的中间针三角。

19、29、39、49、59、69、79、89 分别为 8 路的降针三角。

91：出哈夫针三角。

92：收哈夫针三角。

93：半收哈夫针，只有 A、B 位，无角度限制。

94：断锤刹车，只有 A、B 位，无角度限制，在哈夫针全部收回的情况下才能进 B 位。

在 Parameter 处填写三角进入哪个位置。

三角进出时有严格的角度控制，见表 6-2 与 6-3。

表 6-2 三角对应角度 (°)

位置功能		路数							
		1	2	3	4	5	6	7	8
集圈三角	A、B、C	11	21	31	41	51	61	71	81
退圈三角	A、B、C	12	22	32	42	52	62	72	82
中间针三角	A、B、C	17	27	37	47	57	67	77	87
降针三角	A、B、C	19	29	39	49	59	69	79	89
三角进一级	B	135	180	225	270	315	359	45	90
三角进两级	C	35	80	125	170	215	260	305	350
三角退一级	B	35	80	125	170	215	260	305	350
三角退两级	A	155	200	245	290	335	20	65	110

表 6-3 哈夫针三角进级角度 (°)

三角	进一级 B	进两级 C	退一级 B	退两级 A
出哈夫针三角 91	30	150	150	270
收哈夫针三角 92	30	150	150	270

[例] ✏ 30 [91] Position B Cam for dial jacks OUT 表示 91 号三角在 30 度时进入 B 位，即进一级。

7. ✏ Yarn fingers 纱嘴进出以及开针钩、探针器等，如图 6-2-35 所示。

在 Degree 处填写纱嘴动作的角度。

在 Status 处填写纱嘴动作的状态，选择进入工作（In）或退出工作（Out）。

在 Feed n 处填写要动作的纱嘴是第几路。

在 Yarn finger n 处填写动作的是 8 个纱嘴中的哪个纱嘴。

1：表示是第一个纱嘴，有 A、B、C 三个位置；

2：表示是第二个纱嘴，有 A、B、C 三个位置；

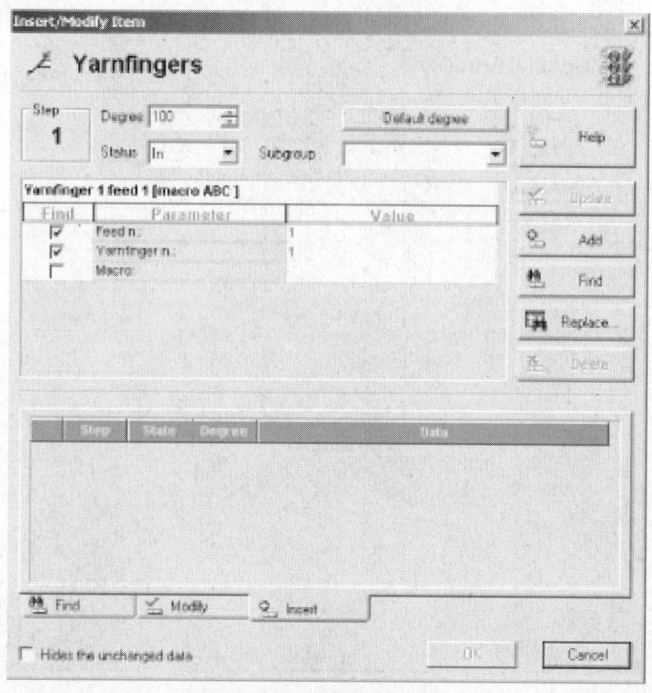

图 6-2-35 纱嘴进出界面

3：表示是第三个纱嘴，有 A、C 两个位置；

4：表示是第四个纱嘴，有 A、B、C、D 四个位置；

5：表示是第五个纱嘴，有 A、B、C、D 四个位置；

6：表示是第六个纱嘴，有 A、B、C、D、E、F 六个位置；

15：表示是第七个纱嘴，也叫色纱纱嘴 1，有 A、C 两个位置；

16：表示是第八个纱嘴，也叫色纱纱嘴 2，有 A、C 两个位置；

10：表示的是探针刹车。☑□ 打勾表示进入工作，空白表示退出工作；

11：表示是每路的开针钩。 □☑ 开针钩的动作与其他指令有所差别，不打勾表示开针钩进入工作，打勾表示开针钩退出工作。

在 Macro 处填写纱嘴动作后所到达的纱嘴位置（即 A，B，C，D，E，F 等位置）。

[例] ☑ 238 Yarnfinger 2 feed 5 [macro ABC] [Macro: C] 表示第五路的 2 号纱嘴在 238 度进入 C 位工作。

☑ 100 Yarnfinger 2 feed 5 [macro ABC] [Macro: A] 表示纱嘴退出工作。

8. Special functions 特殊功能，界面如图 6-2-36 所示。

在 Degree 处填写指令动作的角度。

在 Status 处填写指令动作的状态，是进入工作（In）或是退出工作（Out）。

在 Function 处填写指令代码（☑ 表示进入工作，□ 表示退出工作），如表 6-4 所示。

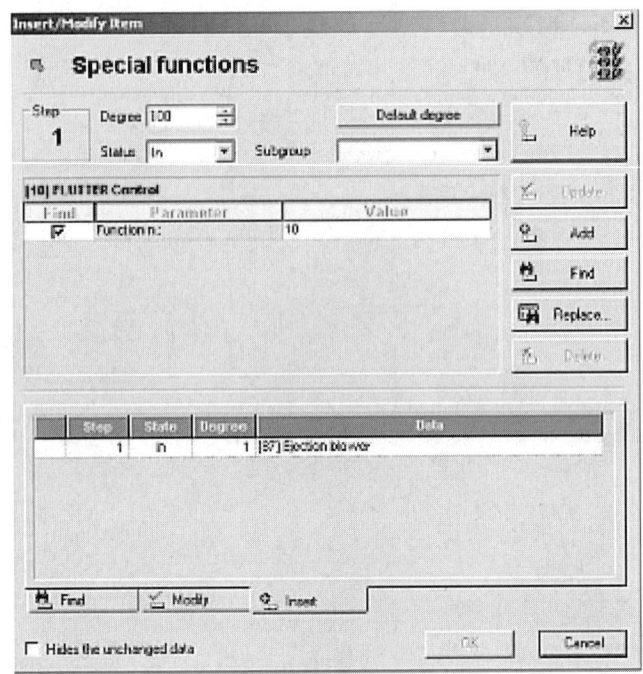

图 6-2-36 特殊功能

表 6-4 指令代码

特别功能	路数							
	1	2	3	4	5	6	7	8
真毛圈三角 ☑☐	13	33	53	73	93	113	133	153
橡筋夹子 ☑☐		37		77*		117		157*
包纱夹子 ☑☐	18	38	58	78	98	118	138	158
抬剪刀 ☑☐		39		79		119		159
启动裸氨送纱器 ☑☐	20*	40*	60*	80*	100*	120*	140*	160*
吹废纱 ☑☐	85	85	86	86	85	85	86	86

17:放张力碟☑☐；

83:转生克罩☐☑；

87:吹出布口☑☐；

110:吹潘布☑☐；

112:吹哈夫针,并帮助打开第五路针舌☑☐；

115:加油☑☐；

161:第二路上橡筋张力变化,在程序中,161每关开一次,则橡筋张力自动加上 KTF 中设定的一个张力值☑☐；

162:第二路上橡筋张力变化,在程序中,162每关开一次,则橡筋张力自动减去 KTF 中设定的一个张力值☑☐；

163:第六路上橡筋张力变化,在程序中,163每关开一次,则橡筋张力自动加上 KTF 中设定的一个张力值☑□；

164：第六路上橡筋张力变化，在程序中，164 每关开一次，则橡筋张力自动减去 KTF 中设定的一个张力值☑□；

165、166 控制 1-3—5-7 路 KTF 的开关☑□；

167、168 控制 2-4—6-8 路 KTF 的开关☑□；

169：KTF 是否自己执行断纱自停☑□。

[例] 鸟 ✓ 30 [112] Transfer blower 表示在 30 度时 112 指令工作，开始吹风。一般吹风指令执行一圈，在下一个 Step 关闭（关闭时，状态区域使用空白的方框），同时，同一个 Step 中不能存在两个吹风指令。

注：后面带 * 号的为选购件的指令。

9. ✲ Pattern 花型，填写花型名称以及相关参数。

一个程序中可以包含几个花型，一个新花型起作用时会自动结束之前的花型。在程序的结尾须填写最后一个花型的退出指令。

双击花型图标显示如图 6-2-37 所示的窗口。

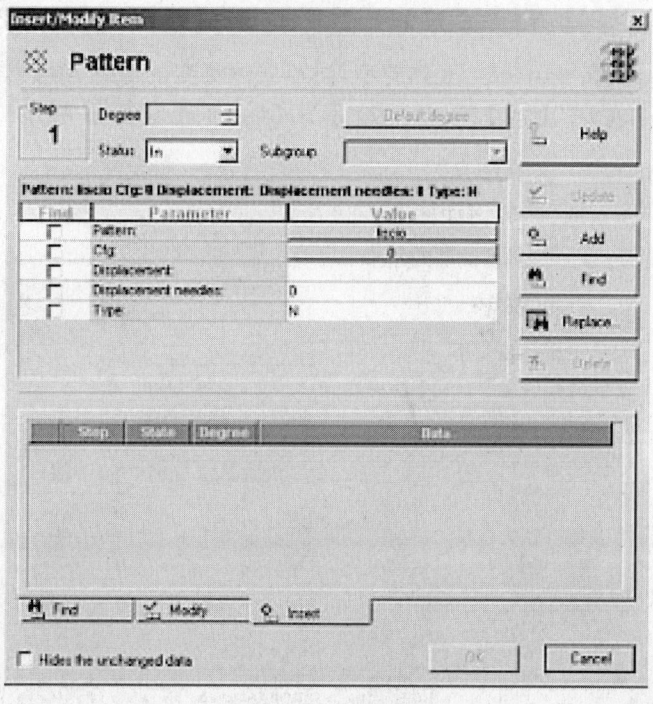

图 6-2-37 花型窗口

花型命令中包含以下参数：

Pattern：填写花型名称；

Cfg：填写花型所用的 Configuration（通常选择 Configuration 0）；

Configuration 0：8 路工作，机器一转花型读取 8 个横列。在这个 Configuration 中，黑色表示不出针，绿色表示第二个选针器工作，红色表示第一个选针器工作，黄色表示两个选针器同时工作；

Pattern displacement:花型位置;

C:按图形与针的配置编织;

A:将花型和横列相关点向右移;

B:将花型和横列相关点向左移;

R:将花型向右移,但保持接缝在第一针;

L:花型向左移,保持接缝在第一针;

S:以水平轴为对称轴翻转花型;

M:以垂直轴为对称轴翻转花型;

Displacement needles:位置针数,填写与 pattern displacement 中 A-B-R-L 有关的移动的针数;

Execution:执行程序阅读花型的模式;

N:正常编织(由上往下);

D:倒转阅读(由下往上)。

[例] Pattern [Pattern: GIALLO Ctg: Z Displacement Displacement needles: Type: I 表示某个 Step 中加入一个花型指令,表示从这个 Step 开始编织这个花型。空白方框时表示退出这个花型的编织。

10. Overlapping pattern 立体花型,填写立体花型的名称,参数与花型相似。选择做立体花型时,在 Header 中的 LVDT position referring to a color 处填写用到的颜色压针变化值。

11. Selection 选针,界面如图 6-2-38 所示。

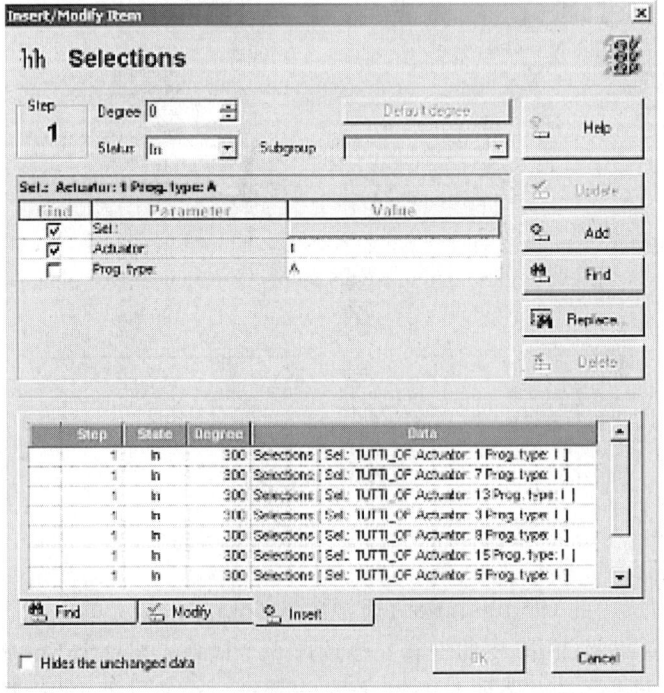

图 6-2-38 选针界面

在起头、扎口和程序结束落布时通常会用到选针指令,选针指令优先于花型中的颜色选针。在出\收哈夫针时,各路的选针指令不要随意进行修改,以避免哈夫针与织针相撞。打开选针窗口有下列三个参数:

Selection:选择出针方式,常用的选针指令的出针方式如下:

TUTTI_OF:表示所有的针都不出☑□。

TUTTI_ON:表示所有的针都出☑□。

1×1:偶数针出针☑□。

1×1A:基数针出针☑□。

1×3:一针不出针,三针出针☑□。

在花型中,颜色也可以表示控制出针的方式,当程序中既有选针指令,又有颜色控制选针时,选针指令控制的出针方式优先。

Actuator:选择选针器(选针器的编号为 1~16,从第一路上依次排列);

Type of selection:选针模式,有两种模式可以选择;

A:数字编号本身的选针器执行设定的选针指令,角度值为绝对值;

R:数字编号本身的选针器执行设定的选针指令,角度值为相对值(一般不用);

I:重复选针,在每路的第一个选针器上给出相应的选针指令,这一路的第二个选针器执行与第一个选针器相同的选针方式。角度为绝对值。

[例] hh ☑ 130 Selections [Sel.: TUTTI_ON Actuator: 11 Prog. type: I]

表示从 130 度开始,第六路的两个选针器都执行全出针指令。若状态区域内为空白的方框,则表示全出针指令结束,选针器的出针方式由花型中的颜色决定。

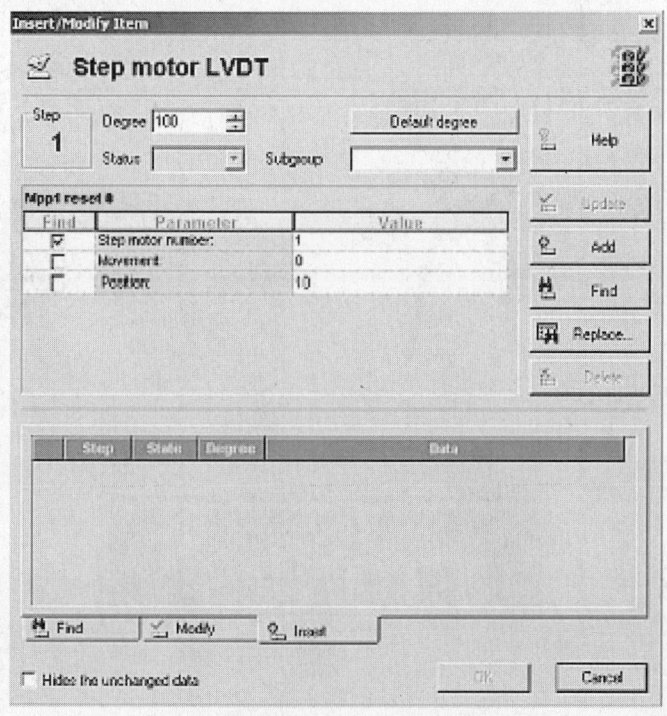

图 6-2-39　压针马达

12. ☑ Step motor LVDT 压针马达,界面如图 6-2-39 所示。

Step motor number:选择要设置的马达。

Movement:动作。

0:0 位,在机器上设置并保存。

+:以上次的密度值为基数,将布面打松的值(目前使用较少)。

-:以上次的密度值为基数,将布面打紧的值(目前使用较少)。

P:设置的马达压针较深。

N:设置的马达压针较浅。

T:在密度快速变化后,检测密度是否在程序设定的位置。

Position:填写马达压针的数值。

在程序的结尾,必须让马达归零。

[例] ☑ 40 Mpp3 absolute N [Position: 20] 第三路压针马达在 40 度时开始执行压针深度为 N200; ☑ 1 Mpp3 reset 0 [Position: 1] 表示马达归零。

花型、款式和程序设计好后,将程序从计算机保存到软盘上,再通过与 SANTONI—SM8—83 TOP2S 配套的 FDU 输入系统将程序由软盘输入机器中,编织即可进行。程序也可以通过机器配有的数据线直接输入机器中,还可以从一台机器输入另一台机器。

第三节 SANTONI(圣东尼)CAD 设计实例

一、设计要求

1.一色添纱无缝平角裤(见图 6-3-1)

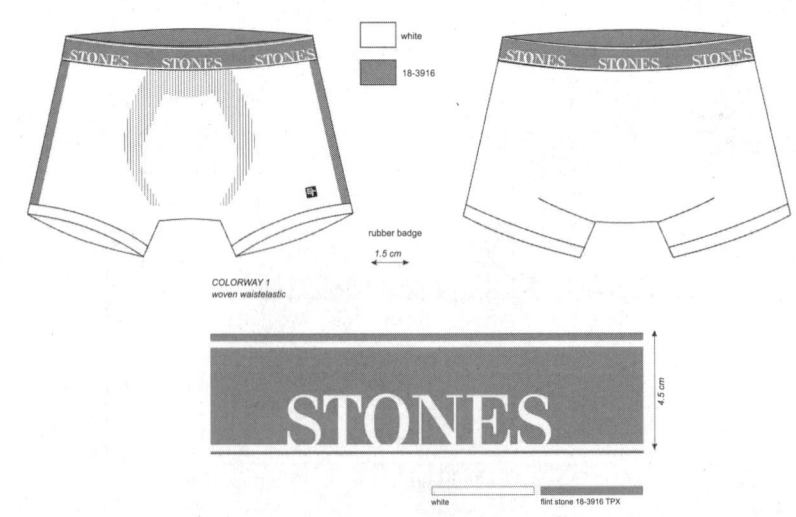

图 6-3-1 无缝平脚裤

2. 规格尺寸

1/2 腰宽：30cm。

裤长：28cm。

前浪：24cm。

后浪：25cm。

1/2 脚口：22cm。

档宽：9cm。

档长：12cm。

3. 原料：氨纶包覆纱、210D 氨纶、本白锦纶、55D 涤纶色纱

4. 机型：机型为 SANTONI -TOP2S；筒径为 14 英寸；针数为 1248 枚。

5. 穿纱方法：2♯（8 路）—氨纶包覆纱、3♯（2、6 路）210D 氨纶、5♯锦纶、7♯涤纶色纱。

二、花型设计

1. 先分析款式如何编织，决定该款式的穿纱方式以及 PHOTON 图所用的颜色，画 SDI、DIS 图。

2. 使用 PHOTON 设计工具画出 SDI 图，如图 6-3-2 所示。

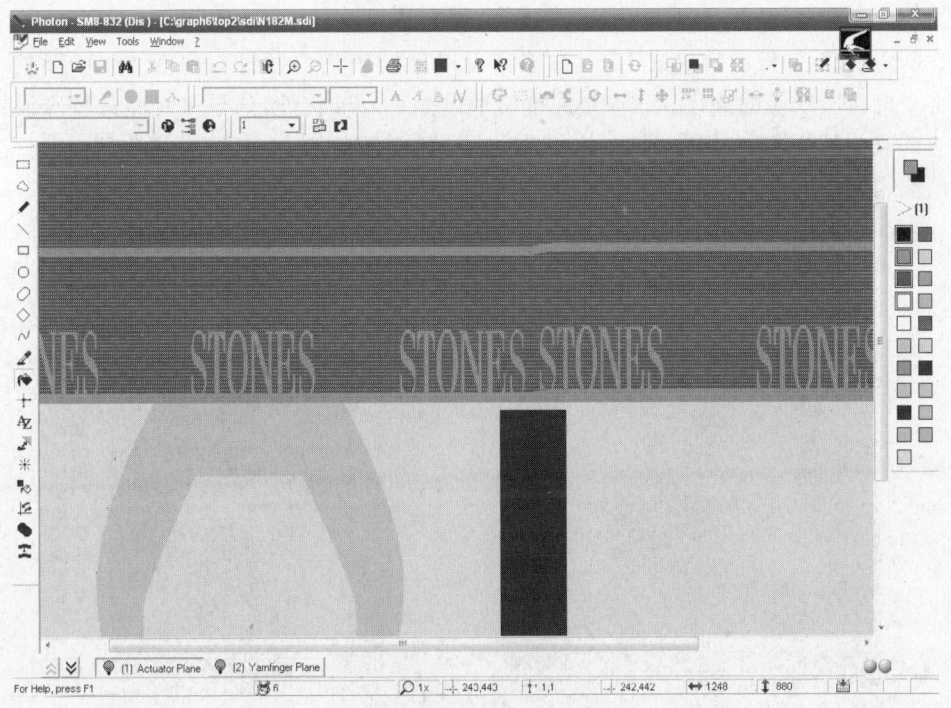

(彩) 图 6-3-2　SDI 图

3. SDI 图与 PAT 图结合转化成 DIS 图，如图 6-3-3 所示。

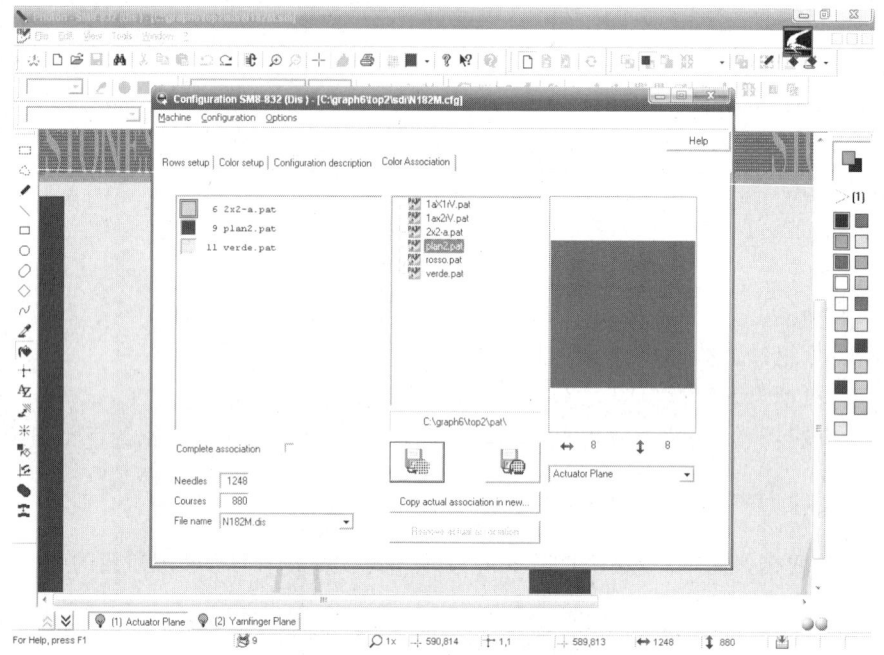

图 6-3-3　DIS 图

4. DIS 花型：一般在转化成 DIS 后，花型可以用的颜色为：红色、黄色、绿色、黑色，这四种是常规机器所默认的颜色。程序最终能读取的是 *.dis 文件，如果没有经过特殊设置，程序只能读取 4 种颜色，它们分别是：黄色、红色、绿色和黑色。

该款式使用的是红色和绿色，如图 6-3-4 与 6-3-5 所示。

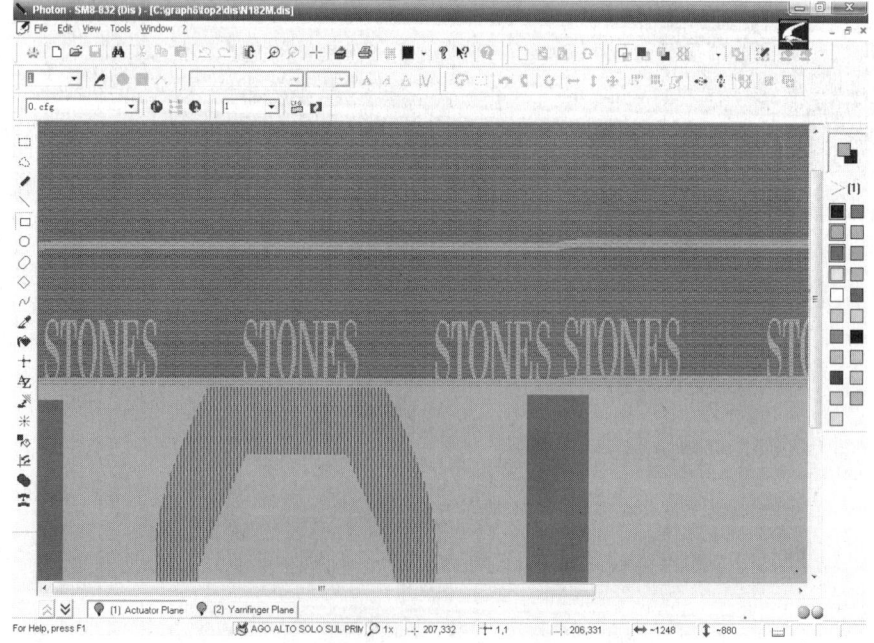

(彩)图 6-3-4　DIS 花型用色(1)

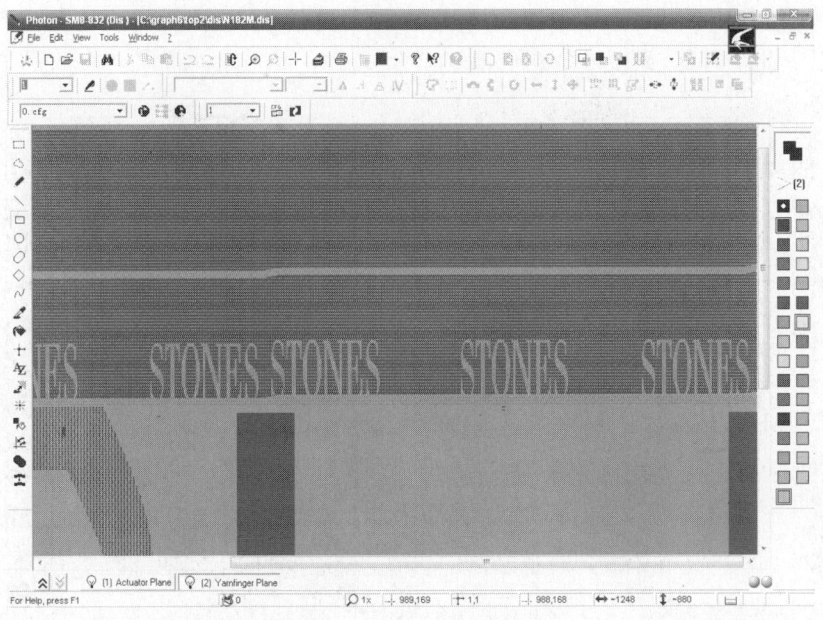

图 6-3-5 DIS 花型用色(2)

三、程序编制

在画好 DIS 图的基础上使用 QUASARS 编程。根据所画的花型选择机器的针数、筒径。如图 6-3-6 所示。

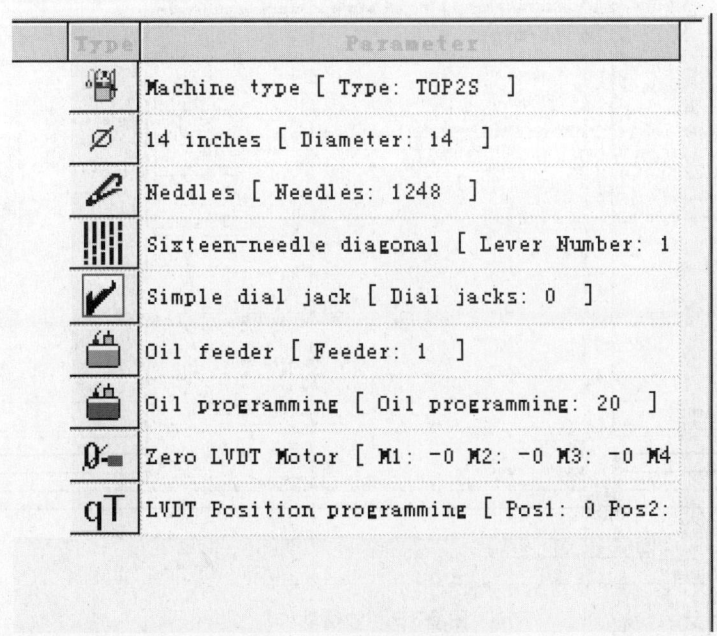

图 6-3-6 针数与筒径选择

在一般情况下,都会预先做好"款式名.SOK"的程序模版。如图 6-3-7 所示。

在此基础上，对不同的款式，只需在程序上做简单的修改、填写需改变的内容。一般要修改的是以下几个内容，如图 6-3-8 所示。

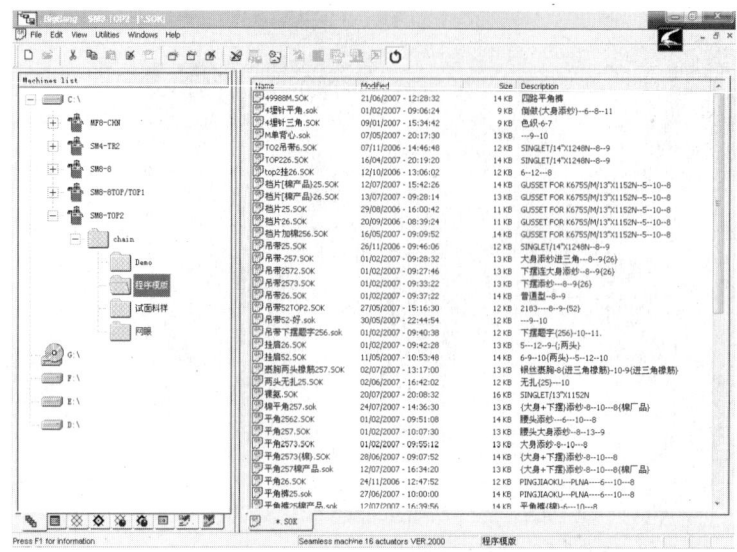

图 6-3-7　程序模版　　　　　　　　　　　　　　图 6-3-8　修改项

1. 纱嘴动作：纱嘴的工作位置是与花型、选针等方面相结合的，如图 6-3-9 所示。

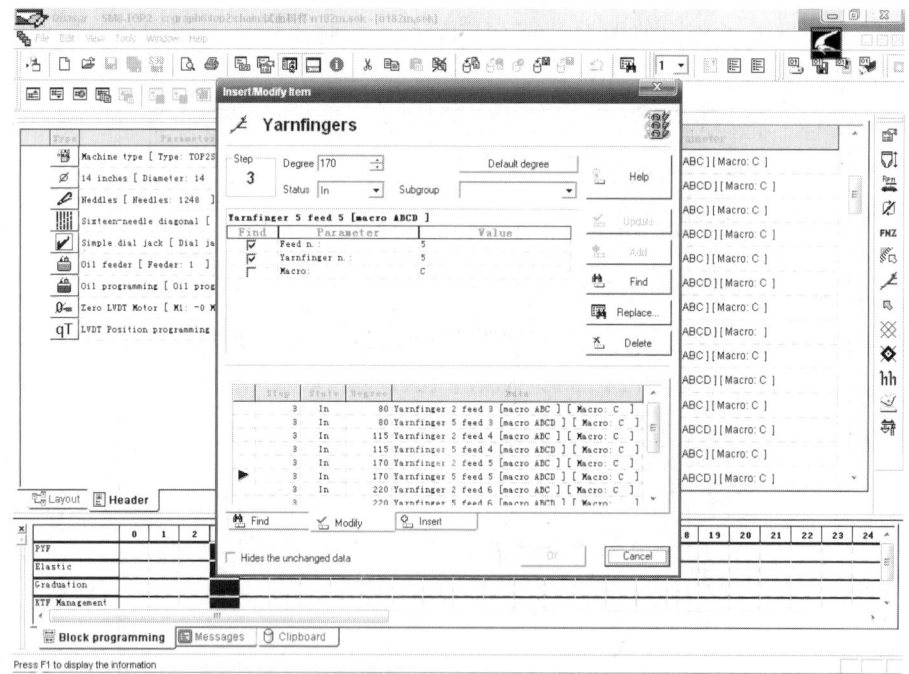

图 6-3-9　纱嘴动作

2. 压针马达：可根据布面的松紧程度进行调整（线圈的大小），如图 6-3-10 所示。

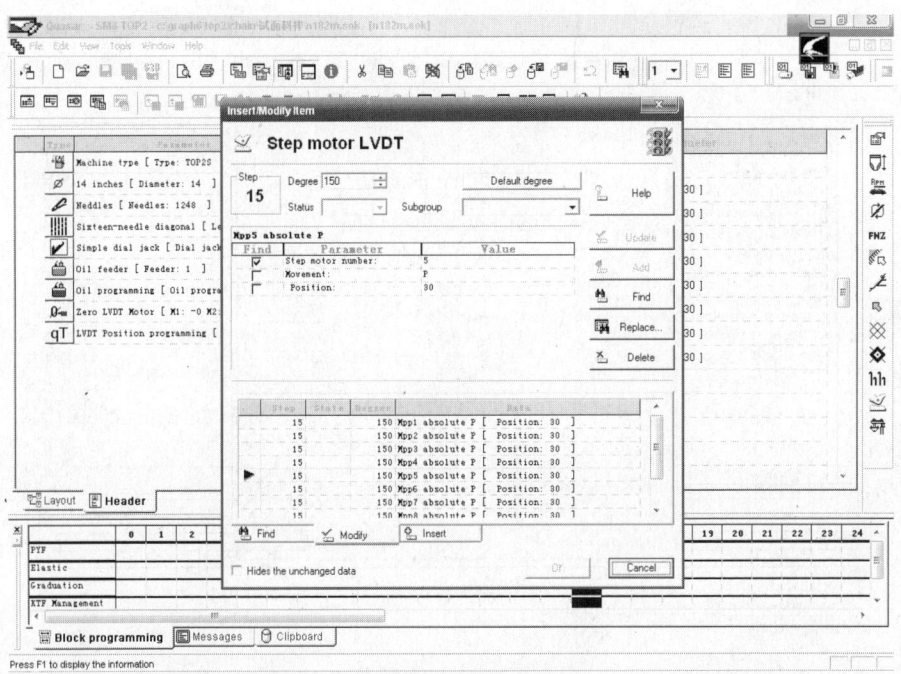

图 6-3-10　压针马达

3. 花型的循环：所画的花型需要的循环（一圈 8 个行列），如图 6-3-11 所示。

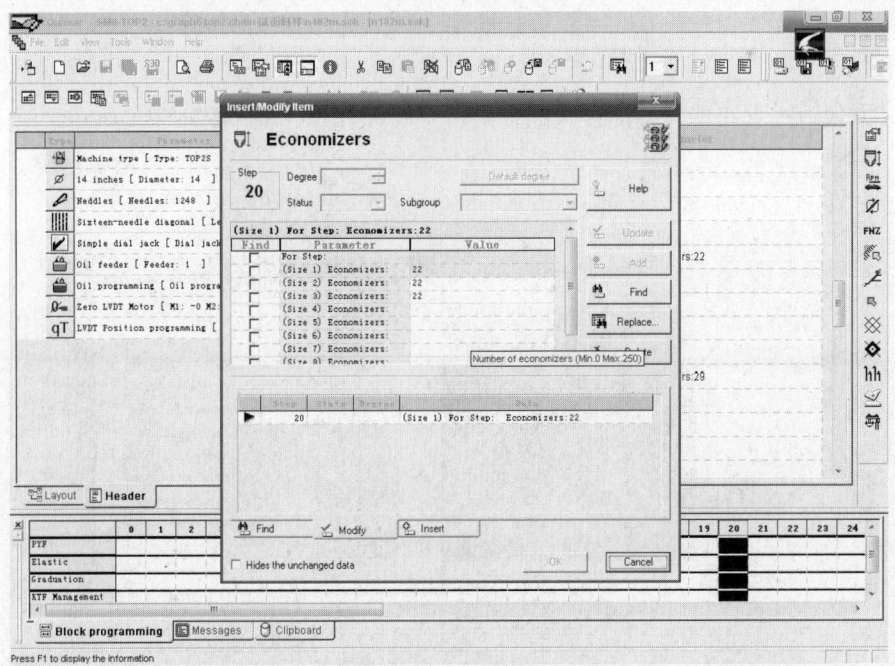

图 6-3-11　花型循环

4. 花型：DIS 图就是机器所默认的图型，如图 6-3-12 所示。

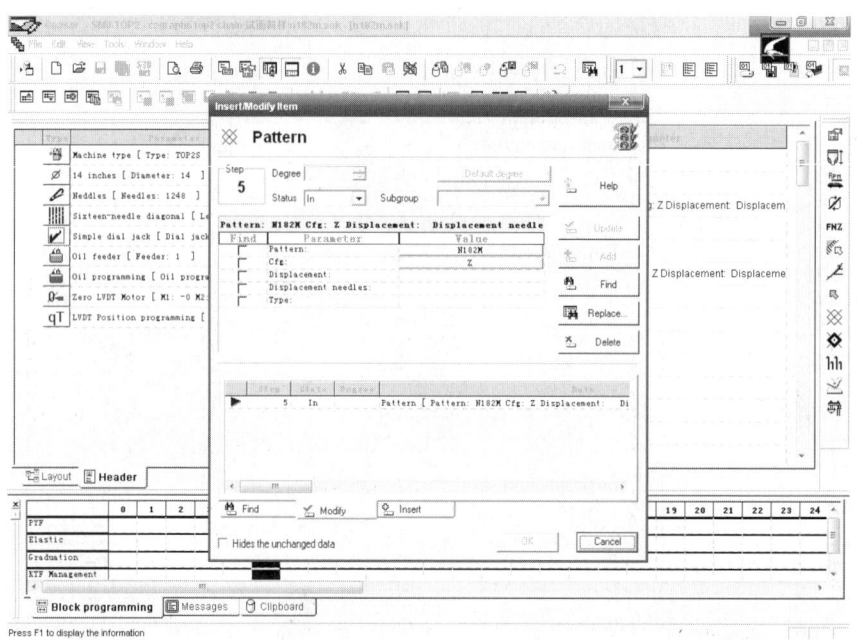

图 6-3-12　花型

修改、填写以上内容后,编程基本上已经完成,但还有很多具体功能要根据产品来考虑,如速度、加油、吹气等等。

四、使用 NEW WINDOW 工具

可以方便地查看花型与各部件的配合是否正确,如图 6-3-13 与 6-3-14 所示。

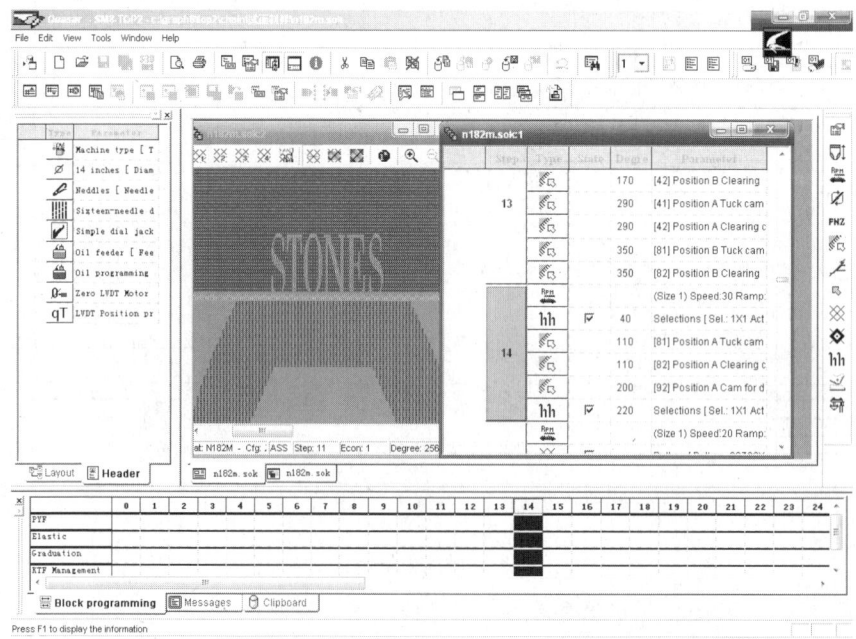

图 6-3-13　配合检查(1)

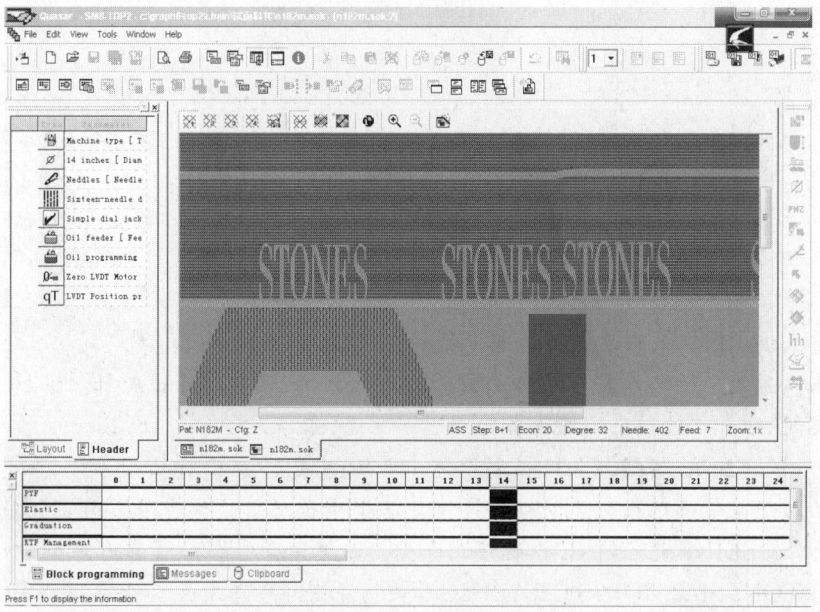

图 6-3-14 配合检查(2)

检查无误后,就可以将它转化成机器默认的文件名:XXX.CO。该款程序名是 n182m.CO,如图 6-3-15 所示。

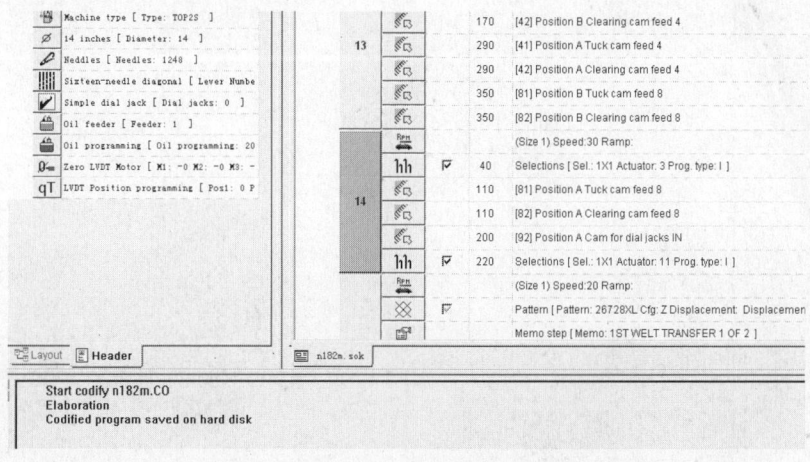

图 6-3-15 程序名转化

五、将此程序输入机器就可进行一色添纱平角裤编织

参考文献

1. 沈雷主编. 针织服装设计与工艺. 北京:中国纺织出版社,2005
2. 万振江主编. 针织工艺与服装 CAD/CAM. 北京:化学工业出版社,2004
3. 许瑞超,张一平主编. 针织设备与工艺. 上海:东华大学出版社,2005
4. 张玲,张辉主编. 服装 CAD 板型设计. 北京:中国纺织出版社,2002
5. 富怡纺织服装图艺设计系统使用手册. 深圳市盈思维软件有限公司,2004
6. SHIMA SEIKI SDS-ONE 系统使用手册. 岛精荣荣(上海)贸易有限公司,2004
7. SANTONI-SM8 TOP2S GRAPHIC 6 使用手册. 香港中大实业有限公司,2004
8. 孟家光主编. 羊毛衫设计与生产. 北京:中国纺织出版社,2006
9. 宋广礼主编. 成形针织产品设计与生产. 北京:中国纺织出版社,2006
10. 杨尧栋,宋广礼主编. 针织物组织与产品设计. 北京:中国纺织出版社,1998